U0186539

CLIFF
HOTEL

伽莫夫科普经典译丛 1

物理世界奇遇记

[美] 乔治·伽莫夫 著
吴艳晖 译

当代世界出版社
THE CONTEMPORARY WORLD PRESS

图书在版编目（CIP）数据

物理世界奇遇记 / (美) 乔治・伽莫夫著；吴艳晖
译. -- 北京：当代世界出版社, 2023.9
（伽莫夫科普经典译丛; 1）
ISBN 978-7-5090-1713-5

Ⅰ. ①物… Ⅱ. ①乔… ②吴… Ⅲ. ①物理学－普及
读物 Ⅳ. ①O4-49

中国国家版本馆CIP数据核字（2023）第012536号

书　　名：物理世界奇遇记
出版发行：当代世界出版社
地　　址：北京市东城区地安门东大街70-9号
监　　制：吕　辉
责任编辑：李俊萍
编务电话：（010）83908410-810
发行电话：（010）83908410（传真）
13601274970
18611107149
13521909533
经　　销：新华书店
印　　刷：三河市刚利印务有限公司
开　　本：880×1280　1/32
印　　张：8
字　　数：180千字
版　　次：2023年9月第1版
印　　次：2023年9月第1次
书　　号：ISBN 978-7-5090-1713-5
定　　价：78.00元（全2册）

1961年版前言

1938年冬天，我写了一篇关于科学的奇幻短篇小说（不是科幻小说），试图向外行人解释空间曲率理论和宇宙膨胀理论的基本概念。为了做到这一点，我夸大了实际存在的相对论现象，好让故事的主人公C. G. H. 汤普金斯[1]可以轻而易举地观察到这些现象。汤普金斯是一位对现代科学很感兴趣的银行职员。

我把手稿寄给了《哈珀斯杂志》，但就像所有刚开始写作的作者一样，我收到了退稿单。我又尝试向其他六本杂志投稿，结果如出一辙。所以我把手稿放在书桌的抽屉里，忘了这回事。同年夏天，我参加了国际联盟在华沙组织的国际理论物理会议。我和我的老朋友查尔斯·达尔文爵士（Sir Charles Darwin）——查尔斯·达尔文（《物种起源》的作者）的孙子——正喝着波兰威士忌聊天，话题转到了科普问题上。我向达尔文讲述了我的不幸遭遇，他说："听着，伽莫夫，你回到美国后，把你的手稿找出来，寄给C. P. 斯诺博士，他是剑桥大学出版社的科普杂志《发

① C. G. H：汤普金斯先生名字的前三个字母来源于三个基本物理常数：光速C，万有引力常数G，以及普朗克常数H。为了让大街上的人们注意到它们产生的影响，它们必须剧烈变化。

现》的编辑。”

我按照他说的做了。一周后，斯诺发来了一封电报，说：“你的文章将在下一期发表，请将后续文章发送给我。”于是，《发现》的后续期刊上刊登了许多关于汤普金斯先生的故事，相对论和量子理论得以普及。此后不久，我收到剑桥大学出版社的一封信，建议将这些文章以书籍的形式出版，不过需要再加上一些故事以扩充页数。就这样，1940年，这本名为《汤普金斯先生漫游奇境》的书由剑桥大学出版社出版，自那时起到现在已经重印了16次。这本书的续集《汤普金斯先生探索原子》于1944年出版，至今已重印了9次。此外，这两本书几乎被翻译成了所有欧洲语言（俄语除外），还被翻译成了汉语和印地语。

最近，剑桥大学出版社决定将这两本书合并成一本平装本，请我更新材料，再添加一些故事，讲述这两本书出版后物理学和相关领域的进展。因此，我不得不添加关于裂变、聚变、稳态宇宙和基本粒子的一些有趣的问题和故事。正是这些材料，构成了这本书。

关于插图，我必须说几句。《发现》杂志刊登的文章中的插图和第一版中的原始插图是由约翰·胡克姆先生绘制的，他塑造了汤普金斯先生的面部特征。当我写第二本书的时候，胡克姆先生已经从插画师的岗位上退休了，于是我决定自己给第二本书配插图，并忠实地遵循胡克姆先生的绘画风格。所以，本书中的新插图出自我手，而本书中的诗和歌词都是由我的妻子芭芭拉创作的。

G. 伽莫夫

写于美国科罗拉多州博尔德市科罗拉多大学

导读

从孩提时代起，我们就习惯通过五感来感知周围的世界，并在这个心智发展阶段，形成了空间、时间和运动的基本概念。我们的大脑很快就习惯了这些基本概念，以至于长大后，我们也倾向于相信外部世界的所有概念都是基于且可能只是基于这些基本概念产生的，而任何试图改变这些基本概念的理论对我们来说，似乎都是不可理喻的。

然而，精确的物理观察方法的发展和对观察到的结果的深刻分析，使现代科学得出了明确的结论：这种“经典”的基本概念在用来描述我们日常观察不到的现象时就完全失效了。因此，为了正确且与事实一致地描述我们新发现的这些效应，空间、时间和运动的基本概念必须做出一些改变。

然而，就我们日常生活的经验而言，经典概念和现代物理学所引入的概念之间的偏差小到可以忽略不计。但是，如果我们想象存在其他的世界，使用着和我们这个世界相同的物理定理，但是物理常数的数值不同——物理常数决定经典概念的适用范围，而现代物理学经过长时间、煞费苦心的研究得到的新的、更加正确的关于空间、时间和运动的概念，在这里成了人尽皆知的常识。那我们可以说，在这样一个世界里，即使是一个原始的野蛮人，也会熟悉相对论和量子理论的原理，并能利用这些原理狩猎和满足自己的日常需求。

现在，故事里的主人公在他的梦中神游了几个类似的世界，于是，我们通常无法察觉的现象在那些地方成为日常生活中的琐事。在那些奇幻却符合科学事实的梦中，我们的主人公汤普金斯先生得到了一位老物理学教授（他的女儿莫德，后来嫁给了汤普金斯先生）的帮助。老教授用通俗易懂的语言向汤普金斯先生解释了相对论、宇宙学、量子理论、原子、基本粒子等领域不同寻常的现象。希望汤普金斯先生不同寻常的经历能帮助感兴趣的读者更清楚地了解隐藏在我们现实生活背后的物理世界。

目录

城市限速

这天是银行假日，在一个大城市的一家银行做小职员的汤普金斯先生睡到很晚才起床，然后悠闲地吃了早餐。他正在规划一天的活动——他首先想到的是下午去看电影，于是打开晨报，翻到娱乐版，却发现没有一部电影能吸引他。他讨厌所有好莱坞的东西——他讨厌那些明星之间没完没了的绯闻。

全是些好莱坞的东西！

他想看看有没有关于冒险的电影，或是讲述不寻常的甚至是奇妙的故事的电影，但是连一部这样的电影都没有。这时，他的目光不经意地落在报纸的一角。当地一所大学宣布要举办一系列关于现代物理学的讲座，今天下午的讲座是关于爱因斯坦相对论的。好吧，感觉挺有意思的！他经常听到这样的说法："世界上只有十二个人真正理解爱因斯坦的理论。"也许他能成为第十三个人！他一定会去听讲座的——也许这正是他需要的。

他来到这所大学的大礼堂时，讲座已经开始了。教室里坐满了学生——大多数是年轻人——正全神贯注地听着。黑板旁边那个留着白胡子的高个子男人在向他的听众解释相对论的基本概念。但是汤普金斯先生对爱因斯坦理论的全部理解止步于：存在一个最大速度，即光速，任何物质的运动速度都无法超过这个速度，而这一事实导致了非常奇怪和不同寻常的结果。然而，由于光速为300 000千米/秒，所以在日常生活中很难观察到相对论效应。在汤普金斯先生看来，这些不同寻常的效应的本质实在难以理解，因为它与常识矛盾。他试图想象当测量棒和时钟以接近光速的速度运动时，会产生收缩等奇怪的变化——可是他的头却慢慢地越垂越低。

当他再次睁开眼睛时，发现自己不是坐在演讲教室的长凳上，而是坐在城市里为乘客等公共汽车而设置的长椅上。这是一座美丽而古老的城市，沿街排列着中世纪的学院风建筑。他怀疑自己是在做梦，但令他吃惊的是，周围并没有发生什么异常的事情，甚至站在对面街角的警察看起来也和平常的警察没什么不同。沿街塔楼上的大钟指针马上要指向五点钟，街上没什么人。一个人骑着自行车慢悠悠地过来了，当他骑近时，汤普金斯先生惊讶地睁大了眼睛。因为自行车和骑在自行车上的

不可思议地缩短了！

年轻人在其运动方向上不可思议地缩短了——就像透过一个圆柱形透镜看到的那样。钟楼上的钟敲了五下，骑自行车的人显然很着急，踩得更用力了。汤普金斯先生注意到，他的速度并没有提高多少，但由于他的努力，他变得越来越扁——他继续沿着街道前行，但看上去活像一张从硬纸板上剪下来的画。

这时，汤普金斯先生感到非常自豪，因为他一下子明白骑自行车的人为何产生这样的变化了——因为运动物体的收缩——他刚才在讲座中听到了这个原理。“显然，这里的自然限速很低。”他总结道，“这就是为什么街角的警察看起来那么慵懒，因为他不需要注意有没有人超速。”事实上，此刻一辆出租车正在街上行驶，发出的噪音震天响，但速度却并没有比骑自行车的人快到哪里去，看上去就像在爬行。汤普金斯先生决定追上那个骑自行车的人，他看上去是个不错的人，汤普金斯先生想问问他这里的情况。于是，他趁警察看别的方向时，“借”了路边某个人的自行车，沿街疾驰。

他以为自己也就会像刚才那个人一样变得扁平，对此他感到很高兴，因为近来他越来越胖，这使他有些担心。然而，令他大为惊讶的是，他和他的自行车都安然无恙，没有任何变化。但是，他周围的景象完全改变了：街道变得越来越短，商店的橱窗变得像窄缝，街角的警察成了他有生以来见过的最瘦的人。

城市街区变短了

“天哪！”汤普金斯先生兴奋地大叫道，“我现在明白这是什么把戏了。这就是所谓的相对论。不管是谁在踩脚踏板，所有和我相对运动的物体，在我看来都会变短！”他很擅长骑车，而且拼命追赶着那个年轻人；但是他发现想要提速，可真不容易。尽管他已经用尽全力踩脚踏板了，可速度还是几乎没有什么变化。他蹬得腿都开始疼了，却没能以比刚出发时更快的速度经过街角的灯柱。看样子他为了骑快一点儿所做的所有努力都是徒劳的。他现在明白为什么之前看到的骑自行车的人和出租车都是那副样子了，他想起教授说过：不可能超越光速。此时，他注意到城市的街道变得越来越短，前面那个骑自行车的人看起来离他也没有那么远了。在第二个转弯处，他追上了骑自行车的人。他们并排骑了一会儿之后，他惊奇地发现骑自行车的是个很正常的、运动精神十足的年轻人。“哦，这一定是因为我们现在对彼此来说没有相对运动。”他断定是这样并开始跟那个年轻人搭话。

“打扰一下，先生！”他说，“你不觉得住在一个限速这么慢的城市很不方便吗？”

“限速？”那人惊讶地回答道，“我们这里不限速啊。不管去哪儿，我想多快就多快，不过前提是我得有一辆摩托车，来代替这辆什么都做不了的破自行车！”

“但你之前从我身边经过的时候速度非常慢，”汤普金斯先生说，“所以你引起了我的注意。”

“哦，你看到了，但真的如此吗？”年轻男子说道，带着明显的抵触情绪，“我猜你没注意到自从你赶上我之后，我们已经骑过五条街了。这对你来说还不够快吗？”

“那是因为街道变短的缘故。”汤普金斯先生反驳道。

“无论是因为我们走得快了还是因为街道变短了，这又有什么不同呢？我得走十个街区才能到邮局，我越努力踩踏板，街区就越短，我就能更快到达那里。事实上，我们已经到了。”说着，男人从自行车上下来了。

汤普金斯先生看了看邮局的钟，现在是五点半。“好吧！”他得意扬扬地说，“但是，不管怎么说，你走了半个小时才走过这十条街——我第一次见到你时，正好是五点！”

“那你的感觉呢？你真的感觉已经过了半小时吗？”那人问道。汤普金斯先生不得不承认，他觉得也就过了几分钟而已。而且，他看了看自己的手表，才刚刚五点五分。

“哦，”他说，“是邮局的钟快了吧？”

“当然啦，要不就是你的表走得太慢了，因为你刚才速度太快了。你到底怎么了？你是从月亮上掉下来的吗？”说着，年轻人走进了邮局。

结束这场对话后，汤普金斯先生觉得真是遗憾，如果那位老教授能在身边给他解释这些奇怪的事情就好了。这个年轻人显然是本地人，他在还没有学会走路的时候就已经习惯这种情况了。汤普金斯先生只能独自探索这个奇怪的世界。他把手表和邮局的大钟调成一致的，为了确保它走得准，他还等了十分钟。他的表没问题。他继续沿着街道往前走，终于看到了火车站，于是决定再看看表。令他惊讶的是，他的表又慢了一点。“好吧，这一定也是相对论现象。”汤普金斯先生断言，于是决定找比那个骑自行车的年轻人更聪明的人问一问。

很快，机会来了。一位看起来四十多岁的绅士下了车，向出口走去。一位年迈的妇人来迎接他，使汤普金斯先生大为吃惊的是，她竟然称呼他为“亲爱的爷爷”。汤普金斯先生难以置信，于是以帮忙拿行李为借口开始了与他们的谈话。

“不好意思，我无意打探你们的家务事，”他说，“但你真的是这位好心老太太的祖父吗？你看，我对这里很陌生，而且从来没有……”“哦，我明白，”那位蓄着胡子的绅士笑着说道，“我猜你把我当成了流浪的犹太人。其实是由于我做生意，需要经常出差，我的大半生都是在火车上度过的，所以我的衰老速度自然比住在城里的亲戚们要慢得多。我很高兴这次回来能看到我亲爱的孙女还活着！但请原谅，我得去出租车里照顾她。”他匆匆离去，留下汤普金斯先生独自疑惑。在车站自助餐厅吃了两个三明治后，他的思考能力增强了些，他甚至认为自己发现了著名的相对论的矛盾之处。

“是的，当然，”他喝着咖啡思考着，“如果所有事物都是相对的，常常旅行的人在他的亲戚们看来很老，而亲戚们在常旅行的人眼中也非常老，虽然实际上双方可能都还相当年轻。但我现在说的绝对无法解释这一现象：一个人不可能相对地长出胡子！”于是，他决定做最后一次尝试，以便弄清楚事情的真相。他转向坐在自助餐厅里的一个穿着铁路制服的独身男子。“善良的先生，”他说，“你能不能告诉我，火车上的乘客比待在一个地方一直不动的人衰老得慢很多，这究竟是怎么一回事？是谁的责任？”

“这是我的责任。”那人简单回答。

“哦！”汤普金斯先生叫道，“难道你已经解决了古代炼金术士的点金石问题？你应该是医学界的名人了。你是这里的医学教授吗？”

“不是啊，”这人吃了一惊，回答说，“我只是这条铁路的司闸员。”

“司闸员！你是说司闸员……”汤普金斯先生大叫一声，感觉非常不可思议，“你是说——你不过就是在火车进站的时候拉下刹车杆？”

“是的，那就是我的工作。并且，每次火车减速时，人们就会和其他人产生相对年龄。当然，”他谦虚地补充道，“让火车加速的火车司机也在工作中发挥着自己的作用。”

“但这和保持年轻有什么关系呢？”汤普金斯先生非常吃惊地问。

“嗯，我也不太清楚，”司闸员说道，“但事实就是如此。有一次，我问一位乘坐我们火车的大学教授这是怎么一回事，他滔滔不绝地讲了一些令人费解的东西，最后说，这和太阳上的‘红移’是一回事——我想他是这么说的。你听说过类似‘红移’这样的东西吗？”

“没——没有吧——”汤普金斯先生有点怀疑地说。司闸员摇着头走了。

突然，一只大手用力地摇了摇他的肩膀。汤普金斯先生发现自己不是坐在车站的咖啡馆里，而是坐在礼堂的椅子上——

他就是坐在那里听教授的讲座的。灯光变暗了，房间里空无一人。叫醒他的看门人说：“我们要关门了，先生。如果你想睡觉，最好回家去。”汤普金斯先生站起来，朝出口走去。

教授关于相对论的演讲

——汤普金斯先生做梦的诱因

女士们、先生们：

在人类文明发展的原始阶段，人类的头脑中就形成了明确的空间和时间概念，不同的事件就发生在时间和空间的基本框架中。这些概念代代相传，本质上没有发生过任何改变，并且，随着精确科学的发展，这些概念已经融入数学体系，成为描述宇宙的基础。伟大的牛顿在他的《原理》一书中，第一次对时间和空间经典概念做出了明确表述：

“绝对空间，就其本身的性质而言，与任何外在的事物都没有关系，始终静止不变。”还有“绝对的、真实的数学时间，就其本质而言，它永远均匀地流逝着，与任何外在的事物都没有关系。”

对于这些关于时间和空间的经典概念，人们坚定不移地相信它们是绝对正确的，以至于哲学家们以这些概念作为所有理论的前提，甚至没有一个科学家产生过质疑的念头。

然而，在20世纪初，人们通过实验物理学最精确的方法得到了一些结果。如果用经典时空概念的框架来解释这些结果的话，很容易发现一些明显的矛盾之处。

当代最伟大的物理学家之一 ——阿尔伯特·爱因斯坦发现

了这一事实，并提出了一种革命性的思想：抛开传统思想的束缚，几乎没有任何理由能让我们认为时间和空间的经典概念是绝对正确的，这些概念可以也应该加以改变，以适应新的、更为准确的实验结果。

事实上，经典的时空概念是基于人们对日常生活的经验总结出来的。如今实验技术高度发展，通过更为精密的观测手段指出那些既有概念过于粗糙、不够准确，对此我们不必惊讶；而这些概念之所以在日常生活中、在物理学发展的早期可以被使用，只是因为它们与正确概念的偏差很小。而随着现代科学拓宽了我们的探索领域，这些偏差在进行某些研究时变得无法忽视，甚至经典概念根本无法解释某些现象，对此，我们同样也不需要感到惊讶。

有一个最为重要的实验结果，导致经典概念备受批评：我们发现光在真空中的速度是所有物理速度的上限。这个重要的、意想不到的结论主要来自美国物理学家迈克尔逊的实验。在19世纪末，迈克尔逊试图观察地球的运动对光的传播速度的影响。令他和整个科学界都感到惊讶的是，地球运动对光的传播没有任何影响——在真空中，光的传播速度总是完全相同的，不受测量它的系统或光源的运动的影响。

没有必要解释，人们就知道这样的结果是多么的不寻常，而且与我们所知道的运动的最基本的概念相矛盾。事实上，如果一个物体在空间中快速移动，而你为了与它相遇也迎着它运动，这样的话，运动的物体会以更大的相对速度撞击你，这个速度应该等于物体和你的速度之和。如果你逃离它，它会从后面以较小的速度撞击你，而这个相对速度等于二者速度之差。

此外，如果你坐在一辆行驶着的车里，正面迎向在空气中传播的音波，那么此时你测量到的音速应该等于实际音速加上你的移动速度；相反的，如果你的运动方向和声音传播的方向相同，那么你测量到的音速就会变小，相当于实际音速减去车速。我们称此为速度的加法定理，而且人们一直认为这个定理是无需证明的。

然而，最精密的实验表明，对于光来说，这个定理不成立，光的速度在真空中永远是300 000千米/秒（我们通常用符号“c”表示），且与观察者自身的运动速度无关。

“好吧，”你会说，“但是，难道不可以将物理上的几个较小速度加在一起得到一个超过光速的速度吗？”

例如，我们可以设想一辆高速行驶的火车，其速度是光速的四分之三；而一个流浪汉沿着车厢在车顶跑，其速度也是光速的四分之三。

根据加法定理，二者的总速度应该是光速的1.5倍，因此，流浪汉奔跑的速度应该能够超过信号灯射出的光的速度。然而事实上，由于光速恒定是实验事实，所以假设中的流浪汉的最终速度一定比我们预期的要小——它不可能超过临界值c。因此我们得出结论，即便是对于较小的速度，经典的加法定理也肯定是有问题的。

这个问题的数学解释，我不想在这里讨论，你只需要知道，这里可以得到一个非常简单的新公式——计算两个叠加运动的最终速度。

如果将v_1和v_2两个速度相加，得到的速度应该是

$$v=\frac{v_1 \pm v_2}{1 \pm \frac{v_1 v_2}{c^2}} \quad \cdots\cdots (1)$$

从这个公式中可以看出，如果两个原始速度都很小，我的意思是相对于光速而言很小，则公式（1）中分母的第二项与整式相比可以被忽略，如此一来便得到了经典加法定理的结果。但是如果v_1和v_2并不小的话，结果则要小于两者的算数和。以我们之前说过的在车厢顶上奔跑的流浪汉为例，$v_1=\frac{3}{4}c$，$v_2=\frac{3}{4}c$，根据上式我们得到最终速度为$v=\frac{24}{25}c$，仍然小于光速。

在特殊情况下，若其中一个原始速度等于光速c，那么根据公式（1）得到的最终速度仍为c，无论给出的第二个速度是多少。因此，你无论叠加多少个速度，最终得到的速度永远不会超过光速。

你可能还有兴趣了解：这个公式已经经过实验验证，并且

确实发现两个速度叠加的结果总是比它们的算术和要小。

认识到速度上限的存在，我们就可以开始批判经典时空观念了，我们的第一个目标就是基于经典时空观的“同时性”。

比如你说“开普敦附近的矿井发生爆炸的时候，我正在伦敦的公寓里享用火腿和鸡蛋”，你觉得你这样就算说清楚了。但是我要告诉你，你并没有说清楚；严格来说，这个陈述没有确切的意义。实际上，您能使用什么方法来确定这两个地方的两件事是否同时发生呢？你大概会说根据两个地方的时钟显示的时间是否相同来判断。但如此一来就会产生接下来的问题：如何才能使不同地点的两个时钟，同时显示完全一样的时间呢？这样我们就又回到了最初的问题。

在真空中，光的速度与其光源或测量系统的运动无关，这是通过实验验证的事实，因此我下面提到的在不同观测站的测距方法和准确设置时钟的方法，应该是公认的最合理的方法，而且，经过更多思考后你会发现，这也是唯一合理的方法。

从A点发出一个光信号，B点一收到就马上将其反射回A点。用A点读取到的从信号发送到返回所用时间的二分之一乘以恒定光速，其结果就是AB两点之间的距离。

如果在信号到达B点的那一刻，当地的时钟显示的时间正好是A点发送和接收信号的两次时间的中间值，那么就可以确定A点和B点的时钟显示的时间是一样的。如果在建立在刚体之上的不同观测站之间使用这种测量方法，我们就可以得到一个理想的参考系，由此便能回答关于在不同地点的两件事是否同时发生或时间间隔是多少的问题。

但是这些结果会被其他参照系下的观察者认可吗？为了回答这个问题，我们假设这样的参照系是建立在两个不同的刚体上的，比如说在两个以恒定速度反向运动的长火箭上，现在让我们看看这两个参照系是如何互相验证的。假设四个观测者分别位于火箭的前后两端，他们先正确地设置他们的时钟。每一对观察者都利用前面所述的方法来设置时钟，比如从火箭的正中（以标尺衡量）发射光信号，当信号从火箭中央发出，到达火箭两端时，他们将手表设置为零点。由此，我们的每一对观察者都根据之前的定义，在他们自己的系统中建立了用以衡量同时性的标准，当然也都从他们的角度“正确”地设置了他们的手表。

现在，他们要看看自己这边的时间是否与另一个火箭上的时间相同。比方说，当两枚火箭擦肩而过时，位于不同火箭上的两个观察者的手表是否显示相同的时间？这可以通过以下方法测试：他们在每个火箭的几何中点，都安装了带电导体，当两枚火箭擦肩而过时，导体之间就会产生电火花，两个光信号会从每个火箭的中心同时向前后两端发出。当以恒定速度传播的光信号到达观测者的位置时，两枚火箭的相对位置已经改变，观测者2*A*和2*B*将比观测者1*A*和1*B*更接近光源。

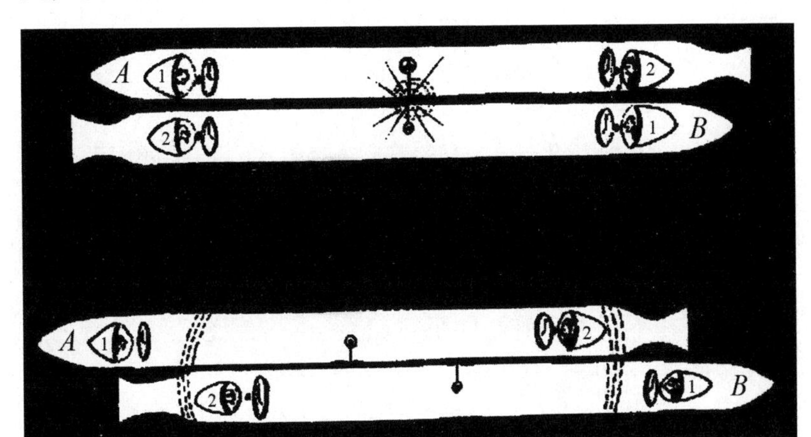

两个反向运动的长火箭

很明显，当光信号到达观测者2*A*的位置时，观测者1*B*会在更远的位置，所以信号到达他的位置需要更长的时间。因此，如果1*B*在信号到达时把手表设置为零点的话，观测者2*A*就会认为他的表慢了。

同样，另一个观察者1*A*会得出这样的结论：2*B*的手表（后者比1*A*更早收到信号）快了。根据他们对同时性的定义，他们都会认为自己的手表显示的时间是准的，火箭*A*上的观察者会认为火箭*B*上观察者的手表有问题。然而，我们不应该忘记，火箭*B*上的观察者出于完全相同的原因，也会认为他们自己的手表显示的时间是准的，是火箭*A*上的观测者的手表有问题。

既然两个火箭是完全相同的，那么对于两组观察者之间的争吵，只能说从他们各自的角度来看，他们都是正确的。而谁是“绝对”正确的？从物理学的角度来说，这个问题是没有意义的。

思考这么多，恐怕你们已经感觉疲惫了，但是如果认真地顺着这个思路思考的话，你会清楚地发现，一旦我们测量时空的方法被采用，绝对同时性的概念就消失了。在一个参照系里同时发生在不同地方的两件事，在另一个参照系里，二者之间就会产生一定的时间差。

这个命题乍一听很不寻常，那我们不妨换个说法：假如你在火车上吃晚餐，虽然你是在餐车的同一个位置上喝汤和吃甜点，但投射到火车轨道上，这两个点却相距很远。如果我这样说，你还会觉得不寻常吗？这个关于你在火车上吃晚餐的陈述可以用物理语言表述为：在某个参照系内，在不同时间发生在同一地点的两件事，在另一个参照系里，两件事的发生地点就产生了距离差。

如果你将这个“平凡”的命题与之前“矛盾”的命题进行比较，你会发现它们是绝对对称的，并且可以通过简单地交换“时间”和“空间”两个词来相互转化。

爱因斯坦的观点是这样的：在经典物理学中，时间被认为是一种完全独立于空间和运动的东西，“匀速流动，不与任何外部事物联系”（牛顿）；但是在新物理学中，空间和时间是紧密相连的，它们仅仅代表了一个均匀的“时空连续体”的两个不同的截面，所有可观测的事件都发生在这个时空连续体中。根据观察者所处的参考系，这个四维连续体可以任意地被分割成三维空间和一维时间。

在一个参考系中，用l 来表示两件事的空间间隔，用t 来表示两件事的时间间隔，那么在另外一个参考系中，这两件事的空间距离和时间间隔就可以用l'和t'来表示，因此，在某种意义上，我们可以认为空间和时间是可以互相转换的。就像在火车上吃晚餐的那个例子中所表现的那样，时间可以转换成空间对我们来说其实不难理解，但空间到时间的转换，因为产生了相对的同时性，似乎变得不同寻常。重点在于，如果我们要丈量距离，比如说用“厘米”，那么相应的时间单位不应该是传统的“秒”，而应该是一个“合理的时间间隔”，它代表的是光信号行进1厘米的距离所需要的时间，即0.000 000 000 03秒。

因此，在我们的日常生活中，空间间隔转化为时间间隔的最终结果实际上是观察不到的，这似乎支持了经典的观点，即时间是绝对独立和不可改变的。

但是，当观察对象高速运动时，比如，从放射性物体中抛出的电子的运动，或者原子内部电子的运动，其在“合理的时间间隔”内所经过的距离与时间间隔具有相同的数量级，同时满足了上述两种必要条件，此时相对论就变得非常重要。即使物体的运动速度相对较小，例如太阳系中的行星运动，我们也可以用高精度的天文测量手段观测到相对论的效应。然而，这种相对论效应的观测，需要以每年几分之一角秒的精度来测量行星运动的变化。

正如我试图向你们解释的那样，对经典空间和时间概念的质疑得到了一个结论：空间间隔可以部分转换为时间间隔，反之亦然。这意味着，即便是给定的距离或时间，从不同的运动坐标系测量时，其数值也会有所不同。

对这个问题进行比较简单的数学分析之后，我们得到了一个公式来确定这些值的改变，我在这次讲座中不想讨论具体的分析过程。总之，通过这个式子可以计算出，任何一个长度为l，相对观测者运动速度为v的物体，其测量长度均会根据其速度相应缩短，最终测得的长度计算公式如下：

$$l' = l\sqrt{1-\frac{v^2}{c^2}} \qquad \cdots\cdots (2)$$

同理，任何花费时间为t的进程，从一个相对运动的坐标系中观察时，其所花费的时间都会延长，最终测得的时间t'的计算公式如下：

$$t' = \frac{t}{\sqrt{1-\frac{v^2}{c^2}}} \qquad \cdots\cdots (3)$$

这就是相对论中著名的“空间的缩短”和“时间的膨胀”。

通常，当运动速度v比光速c小得多时，这种效应也会小到可以忽略不计，但是，当v足够大时，从运动的参考系中观察到的长度可以缩短到任意长度，时间间隔也可以任意延长。

我希望大家不要忘记，这两种效应是绝对对称的，而且正因如此，一辆高速行驶的列车上的乘客才会好奇为什么静止的火车上的人非常瘦而且移动缓慢，而静止的火车上的乘客也会对高速行驶的火车上的乘客产生相同的看法。

速度上限存在带来的另一个重要结果与运动物体的质量有关。根据力学基础理论，物体的质量决定了其开始运动或在原有运动速度上加速的难度。换言之，物体质量越大，就越难提速。

任何物体在任何情况下的运动速度都不能超过光速，这一事实直接让我们得出这样的结论：当物体的速度接近光速时，物体进一步加速时所受到的阻力，或者换句话说，它的质量一定会无限增加。通过数学分析，我们得出了与公式（2）（3）类似的关系式。如果某物体在低速运动时的质量是m_0的话，那么当它以速度v运动时，它的质量m计算公式如下：

$$m=\frac{m_0}{\sqrt{1-\frac{v^2}{c^2}}} \qquad \cdots\cdots（4）$$

且当v接近c时，阻力变得无限大。

通过高速运动的粒子，我们很容易观察到这种质量的相对论效应。例如，放射性物质放射出的电子（速度大概为光速的99%）质量，是静止状态下的电子质量的好几倍；而形成所谓宇宙射线的电子，其运动速度一般是光速的99.98%，其质量就比静止状态下的电子质量大得更多了。对于这样的速度，经典力学就完全不适用了，我们进入了纯相对论的领域。

汤普金斯先生的假期

汤普金斯先生觉得自己在相对论之城的奇妙经历非常有趣，但他很遗憾教授没有跟他在一起，没有人对他观察到的奇怪现象做解释：他尤为关心的问题是火车站的司闸员是怎样阻止乘客变老的。

许多个夜晚，他怀着再次见到这座有趣的城市的希望上床睡觉，却很少做梦，而且即便做梦大多数梦境也是不愉快的。上次他梦到银行经理解雇了他，因为他处理的银行账目有问题……所以现在他决定去度个假，到海边的某个地方待上一个星期。于是，他上了火车，坐在车厢里透过窗户望出去，郊区灰色的屋顶渐渐被乡村的绿色草地所取代。他拿起一份报纸，试图用越南的冲突打发时间。但这一切似乎都太无聊了，火车车厢轻快地摇晃着他……

当他放下报纸，再次向窗外望去时，风景已经发生了很大变化。电线杆都挨得很近，看上去像一堵树篱，而树木的树冠都很窄，像意大利的柏树。他的老朋友——教授正坐在他的对面，饶有兴趣地望着窗外。他可能是在汤普金斯先生看报纸的时候上来的。

“我们是不是到相对论的世界了？”汤普金斯先生说。

“哦！”教授兴奋地叫道，“你已经知道这么多了！你从哪里学来的？”

“我已经来过一次了，但是很遗憾没有你陪伴。”

“所以这次你可能会成为我的向导。”老教授说道。

“我觉得不太可能。”汤普金斯先生反驳道，“我看到了很多不同寻常的事，但与我交谈的当地人根本无法理解我的问题。”

“那是自然，”教授说，“他们就出生在这个世界，自然认为在他们周围发生的所有现象都是天经地义的。但我想，如果他们碰巧去到你生活的世界，他们也一定会非常惊讶的。对他们来说，我们的世界是非常了不起的。”

“我可以问你个问题吗？”汤普金斯先生说，“我上次来的时候，遇到了一个铁路司闸员，他坚持说乘客比城市居民老得慢是由于火车走走停停的缘故。这是一种魔法还是可以用现代科学解释的现象？”

“任何时候都不能用魔法作借口。”教授说，“这是遵循物理定律的，已经由爱因斯坦证明过了。基于他的分析得到的新的时空概念（或者说世界本来就有的概念，只不过是新发现的），当一个体系的速度发生改变时，发生在其中的所有物理过程都会减慢。在我们的世界里，这种现象几乎是微不可察的，但是在这里，由于光速变慢，这种现象就变得显而易见了。比如说，如果你在这里煮一颗鸡蛋，但是没有把平底锅静置在炉子上，而是来回移动它，并且不断地改变它的速度，你就会发现，平时5分钟就可以煮熟的鸡蛋现在可能需要六分钟才能煮好。人体中的进程也是同样的，一个人坐在变速的火车上或摇椅上，体内的进程也会减慢。在这样的条件下，我们生命的节奏也就变慢了。但是，当所有过程都相应减慢的时候，物理学家们则会说，在一个非匀速运动系统中，时间流逝的速度比较慢。”

“但是在我们所在的那个世界，科学家们能观察到这样的现象吗？”

“可以，但是需要相当多的技巧。从技术上来讲，要得到必要的加速度是非常困难的，但在一个非匀速运动系统中可以产生的效果与强引力作用类似，或者应该说完全相同。你可能也注意到过，当你身处一个向上加速的电梯中时，你会觉得你自身重量增加了；与之相反，如果电梯开始下降，尤其是缆绳断开的话，你能明显感觉到自己变轻了。这个现象是因为加速度产生的引力场增加或抵消了地球对你的引力。太阳表面的引力比地球表面的引力大得多，因此所有的过程都会稍微慢 一些。天文学家也确实观察到了这一点。”

“但他们并不能去太阳上观察对吗？”

“他们也没必要去，只需要观察太阳射向我们的光就可以了。这种光是由太阳大气中不同原子的振动产生的。如果在那里所有的过程都会变慢的话，原子振动的速度也会降低，通过比较阳光和地面光源发出的光，我们就可以看到差异。顺便提一句，你知不知道，”教授话锋一转，“我们现在经过的这个车站叫什么名字？”

火车沿着轨道驶入一个小乡村的站台，这里空荡荡的，只有一个站长，还有一个坐在行李推车上看报纸的行李搬运工。突然，站长的手向空中一挥，紧接着就脸朝下倒了下去。汤普金斯先生没有听到枪声——可能是被火车的噪音掩盖了，但毋庸置疑的是，站长的身体下慢慢渗出一摊鲜血。教授立马拉下应急制动器，火车猛地停了下来。他们下车时，那个年轻的搬运工已经跑向了尸体，当地的一名警察也过来了。

“子弹穿过了心脏。”检查尸体后，警察说道。他重重地按住了搬运工的肩膀，继续说道：“我现在以谋杀站长的罪名逮捕你。”

“我没有杀他！”不幸的搬运工叫道，“听到枪声的时候，我正在看报纸，这些火车上的绅士们可能看见了，他们可以证明我的清白。”

“是的，”汤普金斯先生说道，“我亲眼看到站长被射杀时这个人正在看报纸。我对《圣经》发誓，我说的都是真的。”

“但你当时在移动着的火车上。”警察以一种权威的语气说道，“因此你看到的根本就不能作为证据。在同一时刻，如果你是从站台上看的话，可能就能看到这个人开枪了。难道你不知道事件的同时性取决于你所处的坐标系吗？”接着，他转向那个搬运工：“乖乖跟我走吧。”

“不好意思，警察先生，”教授打断道，“你绝对错了，而且我想总部的人是不会喜欢你的无知的。当然，同时性的概念在你们的国家是高度相对的，这是事实。在不同地方发生的两件事可能同时发生，也可能不同时发生，这确实取决于观察者的运动状态。但是，即使是在你们的国家，也没有人能先看到后果再看到原因。你从来没有在一封电报发出前就收到这封电报，对吗？也不可能在瓶子打开前就喝到里面的酒，对吗？根据我的理解，你认为由于火车的运动，我们看到枪击的时间要比它产生后果的时间晚得多，但是，我们一看到站长倒下立即就下车了，即使如此我们仍然没有看到枪击发生的过程。我知道，在警察队伍中，你被教导只相信你的指导手册里写的东西，但是仔细看看，你可能会更明白一些。”

教授的话对警察产生了很大影响，他掏出自己口袋里的指导手册，慢慢地看了起来。不一会儿，一抹尴尬的笑容在他通红的大脸上展开。

“这里写了，”他说，“第37章第12小节第5段：一个完美的不在场证明，在任何运动系统中都应该具有权威性：在案发的瞬间或者案发前后±d/c（c是自然界速度极限，d是犯罪嫌疑人所在地与案发现场之间的距离）的时间间隔内，有人在其他的地方看到了犯罪嫌疑人。”

“你自由了，我的好兄弟。”他对搬运工说，然后又转向教授，“非常感谢，先生。谢谢你让我避免在总部那边惹上麻烦。我是新来的，还不熟悉这些规则。但无论如何，我必须将这个谋杀案上报。”他走向电话亭。一分钟后，他在站台的另一边大喊道：“现在一切都解决了！真正的凶手从车站逃跑时被抓住了。再次感谢您！”

“我真是太笨了。”火车再次启程后，汤普金斯先生说道，“可我还是不明白，同时性到底是怎么一回事呢？同时性在这个国家真的没有意义吗？”

“还是有意义的。”教授回答道，“只不过是在一定程度上有意义。不然我根本就帮不了那个搬运工。你看，任何物体的运动或任何信号的传播，都存在一个自然速度的上限，这使得“同时”这个词在我们通常的定义上失去了它的意义。换种说法你可能会更容易理解一些。假设你有一个朋友，住在非常远的小镇上，你们之间只能依靠信件往来，邮车就是最快的通讯方式。假设周日你遇到了一件事，并且很清楚同样的事也会发生在你的朋友身上，但哪怕你立即写信通知他，也无法让他在星期三之前知道这件事。反过来说，如果他事先知道你周日将要发生的事情，那么要让你在周日之前得到消息，他写信给你的最晚日期应该是上周四。因此，从上周四到这周三的六天里，你的朋友既无法影响你周日的命运，也无法知道你究竟发生了什么事。从因果关系的角度来看，你们失联了六天。”

“那发电报怎么样？”汤普金斯提议道。

“嗯，我刚才已经假设在这个国家邮车的速度就是最快的速度了。在我们生活的世界，光的速度是自然速度的极限，因此无线电成了最快的沟通手段。”

“但是，还是那个问题，”汤普金斯说，“即使邮车的速度无法被超越，它与同时性有什么关系呢？我的朋友和我仍然会在周日同时享用晚餐，不是吗？”

“不，那样的话就没有任何意义了，会有同意这个观点的观察者，但也会有另外一些人在不同的火车上进行观察，他们会坚称，在你的朋友吃周五的早餐或周二的午餐时，你在吃你周日的晚餐。但如果你和你的朋友进餐的时间间隔超过三天，那么就不会有任何人看到你和你的朋友同时进餐了。”

“这怎么可能呢？”汤普金斯先生不敢相信地叫道。

“很简单，你听我的讲座时可能已经注意到了，在不同运动系统进行观察时，速度上限必须保持不变，如果我们接受这一点，我们就会得出结论……”

但是他们的谈话被火车的到站声打断了，汤普金斯先生得下车了。

在汤普金斯先生到达海边的第二天早晨，当他下楼在旅馆长长的玻璃阳台上吃早餐时，一个大惊喜正等着他。在对面角落的桌子旁坐着老教授和一个漂亮的女孩，她正在愉快地与老教授交谈着，并且不时地朝汤普金斯先生的方向瞥一眼。

“我想我在那列火车上睡着时的样子看起来一定很傻。”汤普金斯先生想着，对自己越来越生气，“教授可能还记得我问他的那个关于变年轻的愚蠢问题。但这至少给了我一个认识他的机会，以便我去问一些我还不懂的事情。”他甚至不愿承认，他脑子里想的不只是和教授的谈话。

“哦，是的，没错，我记得在我的讲座上见过你。”当他们离开餐厅时，教授说，“这是我的女儿莫德，她正在学习绘画。”

“很高兴见到你，莫德小姐。”汤普金斯先生说道，他认为这是他听过的最美的名字，“我想这里的环境一定会给你的写生提供很好的素材。”

“有空的话，她会给你看她的作品的，”教授说道，“现在我们先聊一聊，请告诉我，听完讲座你有收获吗？”

“哦，是的，我的收获非常多——事实上，我拜访了一个光速仅为16千米/小时的城市，并亲眼看到了物质的相对收缩和钟表的奇怪行为。”

“那么很遗憾，”教授说道，“后来我还讲了空间曲率及其与牛顿力学的关系，你没有听到。不过，现在我们有足够的时间，待会儿在海滩上晒太阳的时候我会向你解释这一切。比如，你知道空间正曲率和负曲率之间的区别吗？”

“爸爸，”莫德小姐噘了噘嘴说道，“如果你又要谈论物理的话，我就去工作了。”

“好了，姑娘，你快去吧。”教授说着，一屁股坐在一张安乐椅上，“我看你应该没怎么学过数学，年轻人，但我想我可以简单给你解释一下，为了方便你理解，我举个曲面的例子。想象一下，“壳牌”先生——你知道的，就是拥有加油站的那个人——决定看看他的加油站是否在某些国家（比如说美国）分布均匀。为此，他向位于美国中心城市的办公室（我相信堪萨斯城被认为是美国的心脏地区）下达命令，统计距离城市160千米、320千米、480千米范围以内加油站的数量。

“他还记得上学时学的，圆的面积与半径的平方成正比，这样一来如果加油站是均匀分布的话，那么加油站的数量应该像数列1，4，9，16……那样增加。但当报告结果出来的时候，他却惊讶地发现，加油站数量的实际增加速度要慢得多，实际增加情况是这样的：1，3.8，8.5，15……‘怎么回事儿？’他会大吼大叫，‘美国地区的经理没好好干活吗？把加油站集中在堪萨斯城附近算什么好主意？’但他的结论真的正确吗？”

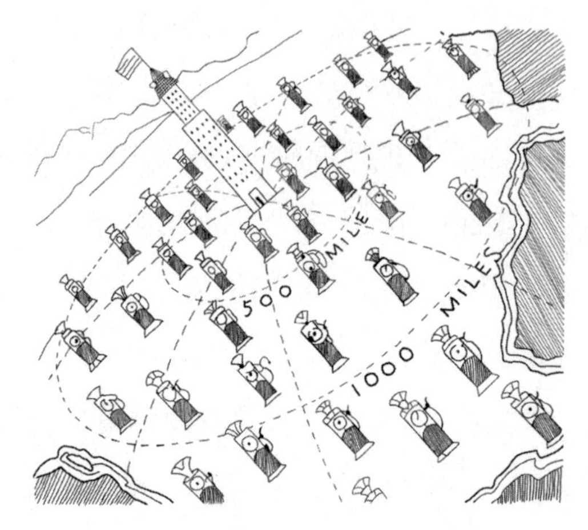

美国的加油站

“正确吗？”汤普金斯先心不在焉地重复了一遍，他在想别的事情。

“他错了。”教授严肃地说，“他忘了地球的表面并不是一个平面，而是球面。球面上给定半径内的面积增长速度要比平面上慢。难道你还不明白吗？嗯，你可以拿一个地球仪试着看一看。比如说，如果你在北极，取一个半径为二分之一子午线的圆，那么这个圆正好是赤道，其面积所覆盖的区域就是北半球。如果把这个圆的半径增加为原来的两倍，其面积即为整个地球的表面，而此时整个球面的面积只增加到原来的两倍，而不是像平面上那样的四倍。这样说你还不明白吗？”

“明白了。”汤普金斯先生说，并竭力装出一副认真的样子，“这是正曲率还是负曲率？”

“它被称为正曲率，正如以地球仪为例时你看到的那样，它对应的是一个面积一定的有限表面。而负曲率曲面的典型例子就是马鞍。”

“马鞍？”汤普金斯先生反问道。

“是的，马鞍，或者是在地球表面上，两座山之间的那种马鞍形山谷。假设一个植物学家住在位于山谷中的一间小屋中，他对小屋周围松树的生长密度很感兴趣。如果他以小屋为中心，分别数出100、200……千米范围内松树的数量，就会发现松树数量的增加速度大于距离的平方。重点在于，在马鞍形曲面上，给定半径内的面积增加速度要比在平面上快。我们说这样的表面就是具有负曲率的表面。如果你试图把马鞍面展开成一个平面，那你就不得不折叠一部分；而想要将一个球面展开成平面，如果它没有弹性的话，你可能需要把它剪开才可以。”

“我明白了，”汤普金斯先生说道，“按照你的意思，虽然马鞍面是弯曲的，但它也是无穷的。”

“正是如此。”教授赞同道，“马鞍面向各个方向无限延伸，永远不会自我封闭。当然，我举的例子是马鞍形的山谷，当你走出山谷，踏上正曲率的地面时，它就不再具有负曲率特性了。当然，你可以想象一个处处保持负曲率的曲面是什么样子的。”

“但是它是如何应用到一个弯曲的三维空间的呢？”

“它们本质完全一样。假设某物体在空间中均匀分布，我的意思是相邻的两个物体之间的距离相同，你可以清点在不同半径内物体的数量。如果这个物体数量增加的速度等于距离的平方，那么空间就是平的；如果物体数量增加的速度变慢或变快，那么空间就具有正曲率或负曲率。”

“因此，在给定半径的正曲率空间中体积较小，而在负曲率空间中，体积则会更大？”汤普金斯先生惊讶地说道。

“确实。”教授笑了笑，“现在你已经明白我的意思了。要研究我们生活于其中的宇宙的曲率，我们只需要对遥远的天体进行这样的计数即可。你可能听说过大星云，它均匀地分布在太空中，在几十亿光年之外都能看到。通过它们，我们可以很方便地对这个宇宙的曲率进行研究。”

“所以我们的宇宙本身也是有限且封闭的？”

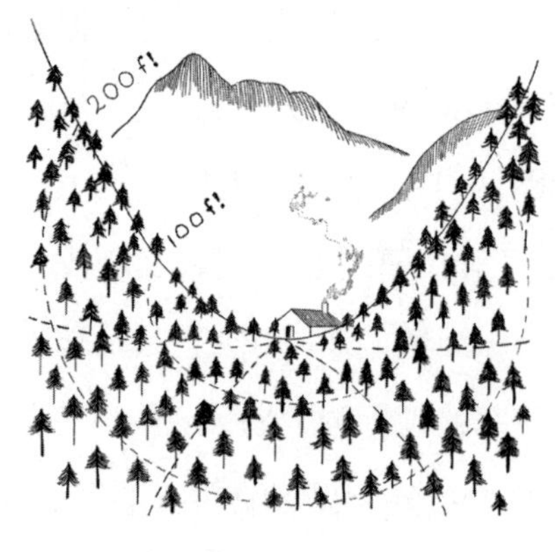

马鞍形山谷中的小屋

“呃——”教授说道，“这个问题实际上还没有解决。爱因斯坦在其关于宇宙学的早期论文中指出，宇宙的体积有限、自我封闭，且不随时间而改变。后来，俄罗斯数学家*A.A.*弗里德曼（A.A.Friedmann）的研究表明，根据爱因斯坦的基本方程，宇宙随着时间的延长有膨胀或收缩的可能性。这一数学结论被美国天文学家E.哈勃（E.Hubble）证实，他使用威尔逊山天文台的2.54米口径的望远镜发现，星系正在飞离彼此，也就是说，我们的宇宙正在膨胀。但仍然存在这样一个问题：这种扩张是会无限制地持续下去，还是会在遥远的将来达到最大，继而转变为收缩？这个问题只能通过更详细的天文观测数据来回答。”

教授说话的时候，他们周围似乎发生了不寻常的变化：大厅的一端变得非常小，把里面所有的家具都挤了进去；而另一端却变得非常大，在汤普金斯先生看来，似乎整个宇宙都能被包裹进去。一个可怕的想法钻入了他的脑海——如果莫德小姐正在画画的那片海滩上的一块空间与宇宙的其他部分分离了会怎么样呢？那他就再也见不到她了！

当他冲到门口时，他听到教授在背后喊：“小心！量子常数也越来越不对劲了！”他到达海滩时，一开始觉得那里似乎很拥挤。成千上万的女孩乱成一团，朝各个方向乱跑。“在这么多人中，我怎么能找到我的莫德呢？”他想着。但后来他注意到，她们看起来都很像教授的女儿，他意识到这只是不确定性原则的一个玩笑。接着，量子常数的异常波动过去了。他看到莫德小姐站在海滩上，脸上流露出惊恐的神情。

“啊，是你！”她如释重负地低声说，“我以为一大群人向我冲过来了。我可能是被太阳晒晕了。等我一下，我回旅馆去拿太阳帽。”

“哦，不，我们现在不能分开。”汤普金斯先生拦住她，“我觉得光速也在改变，等你从旅馆回来的时候，我可能已经变成一个老男人了！”

“胡说。”女孩说道，但她还是把手放到了汤普金斯先生的手里。可是走到一半时，另一股不确定性的波动再次袭来，岸上到处都是汤普金斯先生和那姑娘的身影。与此同时，附近山丘上的一大片折叠空间开始扩散开来，把周围的岩石和渔民的房子弯曲成不可思议的形状。太阳光被巨大的引力场折射，完全从地平线上消失了，汤普金斯先生陷入了完全的黑暗中。

仿佛过了一个世纪，一个亲切的声音使他恢复了理智。

“哦，”那个女孩说道，“我看我父亲的物理谈话都让你睡着了。今天的水这么好，你愿意和我一起去游泳吗？”

汤普金斯先生像装了弹簧一样从安乐椅上跳了起来。“所以刚才我只是做了一场梦？”他们向海滩走去时，他想着，“还是梦才刚刚开始？”

教授关于弯曲空间、引力和宇宙的讲座

女士们、先生们：

今天我要谈一谈关于弯曲空间及其与万有引力之间关系的问题。毫无疑问，你们中的任何人都能想象出一条曲线或一个曲面，可提到一个弯曲的三维空间，你们就会拉长脸，你们大概会认为这是一种非同寻常的、几乎是超自然的东西。为什么大家普遍对弯曲空间感到头痛？这个概念真的比曲面的概念更难以理解吗？很多人在稍加思考后可能会说，之所以很难想象出一个弯曲空间，是因为你无法像观察一个球体的曲面或者一个马鞍形曲面那样，从“外部”观察它。

然而，会说这种话的人，其实恰恰证明他并不知道数学意义上的曲率是什么意思，事实上，这个词的数学含义与它的一般用法大不相同。如果画在一个面上的几何图形的性质与画在平面上的同一几何图形的性质不同，我们的数学家就会称这个面为曲面，并用它偏离欧几里得经典定律的程度来衡量其曲率。如果你在一张平放的纸上画一个三角形，根据基础几何学可知，它的三个角之和等于两个直角之和。你可以把这张纸弯曲成一个圆柱形、一个圆锥形，甚至更复杂的形状，但画在上面的三角形的内角之和总是等于两个直角之和。

纸上的几何图形不会随纸张表面的变形而改变，并且从“内部”曲率的角度来看，变形之后得到的纸张表面（从常识来看是弯曲的）其实依旧像平面一样平坦。但是你不可能在不拉伸的情况下把一张纸严丝合缝地放到一个球体或马鞍的表面上；而且，如果你试图在一个球体上画一个三角形（即球面三角形）的话，欧几里得的几何定律将不再适用。例如，由北半球的两条子午线和它们之间的赤道构成的三角形，两个底角都是直角，顶角则可能是任意角度，如此一来，这三个角之和显然大于两个直角之和。

而在马鞍形表面上，你会惊讶地发现，三角形的三角之和总是小于两个直角之和，与球面三角形恰恰相反。

因此，要确定一个表面的曲率，就必须研究这个表面的几何结构，而从外部来观察往往会产生误解。仅仅通过观察，你可能会把一个圆柱体的表面和一个圆环的表面归为同一类，然而实际上，圆柱体的表面是平面，而圆环的表面是不可改变的曲面。一旦你熟悉了这个新的、严格的曲率概念，在听到物理学家讨论我们生活的空间是否弯曲时，就不会觉得难以理解了。你只需要确定在这个物理空间中所构造的几何图形是否符合欧几里得几何学的一般法则即可。

不过，由于我们谈论的是实际的物理空间，所以我们首先必须对几何学中使用的术语给出物理定义，尤其要对直线的概念进行特别的说明，因为直线是构造所有图形的基础。

我想你们都知道，直线通常被定义为两点之间最短的距离，可以通过在两点之间拉一条线得到，也可以通过一个差不多的但更为精细的方法得到——找到给定两点间的一条可以用最短的测量杆替代的直线。

寻找直线的具体方法取决于物理条件。让我们想象一个大的圆形平台在绕其中心轴匀速旋转，实验人员（1号）试图找出平台边缘两点之间的最短距离。他有一个盒子，里面有很多5英寸长的测量棒，并且试图使用最少数量的测量棒连接两个点。如果平台没有旋转的话，他将把测量棒放置在图中虚线所示的一条线上。

科学家们正在对旋转的平台进行测量[①]

但是由于平台的旋转，他的测量棒在相对论意义上将产生

① Hookham's Circus这个名字来源于约翰·胡克姆先生，他是剑桥大学出版社的插画师，他在退休之前为这本书绘制了许多插图。

收缩，就像我上一场讲座所说的那样，而且那些靠近平台外围的（因为具有较大的线速度）将比靠近中心的收缩得更多。因此，很明显，为了让每根测量棒覆盖的距离最大，应该把它们尽可能靠近中心摆放。但是，由于线的两端都固定在平台的边缘，那么把线中间位置的测量棒移到离中心太近的地方，会导致连线的弧度过大，这也是不利于获取最短距离的。

因此，通过将两个条件折中，我们得到一个结果：平台边缘两点之间的最短距离可由一条向中心微微凸出的曲线来表示。

如果实验人员不用单独的测量棒，而是在这两点之间拉一根绳子，结果显然是相同的，因为绳子的每一部分都会受到相对收缩效应的影响。在这里，我要强调一点：当平台开始旋转时，绳子所发生的拉伸变形与我们理解的离心力作用无关。事实上，无论多用力拉绳子，它的变形程度都不会改变，更不用说普通的离心力还会向反方向作用。

现在，如果平台上的观察者决定通过比较他所得到的“直线”与光线来检验他的结果，他会发现光确实是沿着他所构建的线传播的。当然，对于站在平台外的观察者来说，这束光看起来没有发生一点儿弯曲。他们会解释说，是平台的旋转与光的直线传播产生了重叠，因此干扰了移动着的观察者；他们还会告诉你，如果你用手指在旋转的留声机唱片上划一条直线，那么唱片上的划痕当然也会是弯曲的。

然而，对于旋转平台上的观察者来说，他将自己得到的曲线称为“直线”是完全正确的：这的确是两点之间最短的距离，并且确实与他所在的参照系中的光线重合。假设他现在在平台边缘选择三个点，用直线将它们连接起来，形成一个三角形。在这种情况下，这个三角形三个角的和将小于两个直角之和。故此他将得到正确的结论：他周围的空间是弯曲的。

再举一个例子，假设平台上还有另外两个观察者（2号和3号），他们要测量平台的周长和直径来估算π的值。2号的测量棒不会受到旋转的影响，因为平台运动的方向是垂直于它的长度方向的。另一方面，3号的测量棒将一直受到收缩效应的影响，他测得的旋转平台的周长一定比静止平台的周长更大。因此，如果用3号的结果除以2号的结果，那么得到的π值一定比课本给出的π值更大，这也是空间曲率所导致的结果。

不仅长度测量会受到旋转的影响，放置在平台边缘处的手表同样处于高速运动状态，而根据我上次给大家讲的内容可知，它走得会比放置在平台中心的手表慢。

如果两个实验员（4号和5号）先将他们放在平台中心的表设置成同一时间，之后，5号把他的手表放在平台边缘一段时间；当他再把表拿回平台中心时，他会发现他的表比一直留在平台中心的表慢了。因此，他将得出结论：在平台不同位置进行的物理过程速率各不相同。

现在我们的实验人员决定停下来思考一下他们在这次几何测量中得到不同寻常结果的原因。假设将他们所在的平台完全封闭起来，使其形成一个没有窗户的旋转的房间，这样他们就看不到自己相对于周围环境的运动，那么他们能不考虑平台相对于“固体地面”的旋转运动，仅利用平台上的物理条件的解释所有观察到的结果吗？

找出平台上的物理条件和“固体地面”上的物理条件之间的差异，我们就可以解释观察到的几何变化。实验人员会立刻注意到，出现了一种新的力，这种力倾向于把所有物体从平台中心拉向边缘。他们会理所应当地把观察到的结果归因于这个力的作用，比如说，在这个新力的作用方向上，两块手表中离中心更远的那一块走得更慢。

但是，这种力真的是一种新的力吗？在“固体地面”上不能观察到吗？我们不是经常看到所有的物体都被所谓的地心引力拉向地心吗？当然，平台上的引力是指向圆盘的边缘的，而地心引力是指向地球中心的，但这只意味着力的分布有所不同。我们不难再举一个例子，在这个例子中，参照系的非均匀运动所产生的“新”力与这个教室里存在的万有引力完全相等。

假设有一艘专为太空旅行而设计的宇宙飞船，它正在太空的某处自由飘浮着，因为远离所有恒星，所以飞船内部没有任何引力。这艘宇宙飞船里的所有物体和实验者都没有重量，都可以自由地飘浮在空中，就像著名作家儒勒·凡尔纳故事里的米歇尔·阿尔当和他的同路人一样。

现在，发动引擎，我们的宇宙飞船开始移动，速度逐渐加快。那里面会发生什么？不难理解的是，只要飞船加速，它内部的所有物体都会向地板移动，也可以换种说法——飞船的地板在向这些物体移动。举个例子，如果我们的实验员手里拿着一个苹果，然后松手，苹果会继续以恒定的速度——也就是实验员松开苹果那一瞬间的宇宙飞船的速度——运动（相对于周围的恒星）。但是，飞船本身是加速的，因此船舱的地板的运动速度会越来越快，最终会追上苹果，并且撞到它。从这一刻起，苹果将一直与地板保持接触状态——苹果被稳定的加速度压在地板上。

然而，对于飞船里面的实验人员来说，这看起来更像是苹果以一定的加速度“掉下来”的，并且在落地之后仍然被自身的重量压着。如果忽略掉空气的摩擦力的话，他会发现所有的物体实际上都是以完全相同的加速度下落的，而且还会想起来这正是伽利略·伽利雷（Galileo Galilei）发现的自由落体定律。事实上，他根本不可能发现加速舱内的现象与普通重力现象之间的细微差别。他可以使用钟摆型时钟，可以放心地把书放在架子上，不必担心它们会飞出去，还可以把爱因斯坦的画像挂在钉子上。爱因斯坦是第一个指出参照系中的加速度与重力场具有等效性的人，并在此基础之上发展出了所谓的广义相对论。

地面将上升并撞到苹果！

但是，在这里，正如在第一个例子中的旋转平台上看到的那样，我们将见到伽利略和牛顿在研究引力时未曾看到的现象。穿过机舱的光线会发生弯曲，并根据飞船加速度的不同，投射到挂在对面墙上不同位置的屏幕上。对于置身其外的观察者来说，这个现象当然可以解释为是光的匀速直线运动与观测舱加速运动相叠加的结果。此时几何学也不再适用，由三条射线形成的三角形的三个角之和会略大于两个直角之和，圆周长与其直径之间的比率会略大于π值。在此，我们提到了两个关于加速系统最简单的例子，上述等效性对于一个刚性参考系或一个可变形参考系所给定的任何运动同样适用。

我们现在来讨论最重要的问题。我们刚才看到，在一个加速参考系中，可以观察到一些在一般的万有引力场中看不到的现象。这些新的现象，如光线弯曲或时钟减速，是否也存在于由可称量的物质产生的引力场中？或者换句话说，是不是加速度产生的效应和重力产生的效应不只是相似，而是完全相同呢？

很明显，尽管从启发式的角度来看，承认这两种效应是完全一致的这个观点是非常诱人的，但最终的答案只能通过直接的实验来得出。而且，为了让人类的头脑得到极大的满足，宇宙法则要同时拥有简洁性和内在一致性，而实验也确实证明了这些新现象同样存在于普通的引力场中。当然，加速场和引力场等效性假说预测到的效应是非常微弱的：这也是为什么直到科学家们专门对它们进行研究之后，我们才能发现它们。

利用上面讨论的加速系统的例子，我们可以很容易地估计出两个最重要的相对论引力现象的数量级：时钟变化的频率和光线的曲率。

首先让我们以旋转平台为例。根据基本力学原理可知，作用在距离圆心r处的粒子上的离心力为：

$$F=r\omega^2 \qquad \cdots\cdots (1)$$

其中ω是平台旋转的恒定角速度。在该粒子从中心向边缘运动的过程中，这个力所做的总功为：

$$W=\frac{1}{2}R^2\omega^2 \qquad \cdots\cdots (2)$$

其中R是平台半径。

根据上述等价原理，我们认为离心力F与平台上的重力等同，W与平台中心与边缘之间的引力势能差等同。

现在，我们必须记住，正如我们在上一次讲座中提到的，以速度v运动的时钟慢下来的因子用公式表示为：

$$\sqrt{1-(\frac{v}{c})^2}=1-\frac{1}{2}(\frac{v}{c})^2+\cdots\cdots \qquad \cdots\cdots (3)$$

如果v远小于c，那么我们就可以忽略后面的项。根据角速度的定义，我们知道$v=R\omega$，因此时钟的“变慢因子”就变成了

$$1-\frac{1}{2}(\frac{R\omega}{c})^2=1-\frac{W}{c^2} \qquad \cdots\cdots (4)$$

在这个公式中，用平台不同位置的引力势能的差来表示时钟的速率变化。

如果我们把一个时钟放在地下室，把另一个时钟放在埃菲尔铁塔（304米高）的塔顶，它们之间的引力势能差将非常小，地下室的时钟的变慢因子为0.999 999 999 999 97。

而另一方面，地球表面和太阳表面之间的引力势能差要大得多，所以钟表的变慢因子为0.999 999 5，这可以通过非常精

确的测量得到。当然，没有人会在太阳表面放置一个普通的时钟，然后看着它走！物理学家们有更好的方法。利用分光镜，我们可以观察到太阳表面不同原子的振动周期，并将其与实验室中把相同元素放在本生灯中灼烧得到的原子的振动周期进行比较。太阳表面原子的振动周期应该比地表的慢一些，具体的因数由公式（4）决定，而且太阳表面原子发出的光应比地面原子发出的光偏红一些。实际上，这种“红移”现象的确在太阳和其他一些可以精确测量的恒星的光谱中观测到了，而且其结果与我们的理论公式计算出的值一致。

因此，红移的存在证明了，由于太阳表面引力势能更强，太阳上的物理反应过程确实稍微慢一些。

为了测量光线在重力场中的曲率，用我们之前提到的宇宙飞船的例子比较方便。如果设船舱长为l，光线通过这段距离所花费的时间为t，则t的计算公式为：

$$t=\frac{l}{c} \qquad \cdots\cdots（5）$$

在这段时间中，飞船以加速度g移动，行驶距离为L，根据基础力学得到L的计算公式：

$$L=\frac{1}{2}gt^2=\frac{1}{2}g\frac{l^2}{c^2} \qquad \cdots\cdots（6）$$

因此光线偏移角度的大小应为：

$$\phi=\frac{L}{l}=\frac{1}{2}\frac{gl}{c^2}\ \text{弧度} \qquad \cdots\cdots（7）$$

并且，其值越大，光在引力场中走过的距离就越大。这里宇宙飞船的加速度g，也可以理解为重力加速度。如果我发射一束光，穿过这间教室，我可以粗略地取距离l=1000cm。地球表面的重力加速度g为981cm/s^2，光速$c=3\times10^{10}$cm/s，我们得到公式：

$$\phi=\frac{1000\times981}{2\times(3\times10^{10})^2}=5\times10^{-16}\text{弧度}=10^{-10}\text{弧秒} \quad \cdots\cdots(8)$$

因此你可以看到，在这种条件下，光的曲率是绝对无法观察到的。然而，太阳表面附近的g是27 000cm/s^2，而且光线在太阳引力场中行进的总路径是非常长的。精确的计算结果表明，经过太阳表面附近的光线的偏差值应该是1.75弧秒。这正好是日全食时，天文学家观测到的日面边缘附近的恒星的视位置的位移值。说到这儿，你们也可以看到，这些观察已经表明，加速度产生的效应和引力完全相同。

现在，我们可以回到关于空间曲率的问题上了。你们一定还记得，我们利用最合理的直线定义得出一个结论：在非均匀运动的参考系中的几何学与欧几里得的几何学不同，所以我们认为这种空间就是弯曲的空间。因为任何重力产生的引力场都等同于某种加速运动的参考系，这就意味着任何存在引力场的空间都是弯曲空间。或者更进一步说，引力场只是空间曲率的物理表现。因此，每个点的空间曲率都应由质量的分布来决定，在质量很大的天体附近，空间曲率应达到极大值。由于描述弯曲空间的性质及其与质量分布的关系是一个相当复杂的数学系统，我无法在这里进行介绍。我只想说明一下，曲率通常不是由一个参数决定的，而是由10个不同的参数决定的，这些参数通常被称为引力势能的分量$g_{\mu\nu}$，代表了经典物理学中的通用引力势能，也就是我之前所说的W。相应地，每个点上的曲率用十个不同的曲率半径来描述，通常写作$R_{\mu\nu}$。爱因斯坦的基本方程描述了这些曲率半径与质量分布的关系：

$$R_{\mu\nu}-\frac{1}{2}g_{\mu\nu}R=-kT_{\mu\nu} \qquad \cdots\cdots (9)$$

其中$T_{\mu\nu}$取决于密度、速度和大质量物体产生的引力场的其他性质。

在这次讲座的最后，我想指出方程（9）最有趣的两个结论。如果我们考虑的是一个均匀充满质量的空间，例如，我们所处的这个充满了恒星和恒星系统的宇宙，我们将得出这样的结论：除了在某些恒星附近偶尔有较大的曲率外，这个空间在很大范围内呈均匀弯曲趋势。在数学上，方程（9）有几种不同的解，其中一些解对应于最终封闭的空间，所以它们拥有有限的体积；另一些解所代表的是类似于马鞍面的无限空间，我在这次讲座开始时提到过。方程（9）的第二个重要结论是，这种弯曲空间应该处于稳定膨胀或收缩的状态，从物理意学意义上说，填满空间的粒子应该不断彼此远离，或者正好相反，不断彼此接近。更进一步说，它可以表明，对于体积有限的封闭空间来说，膨胀和收缩周期性地相互交替——这就是所谓的脉动宇宙。从另一方面来说，无限的“马鞍形”空间永远处于收缩或膨胀的状态。

所有这些数学上可能的解中，究竟哪一个与我们所生活的这个空间相对应？这个问题不应该由物理学来回答，而应该由天文学来回答，所以在这里，我不打算讨论这个问题。我只想告诉大家，到目前为止，尽管还无法确定我们的宇宙是有限的还是无限的，但天文学相关证据已经明确表明，我们的宇宙正在膨胀，这种膨胀是会持续下去还是会转变为收缩，仍是未解之谜。

脉动的宇宙

在海滨酒店的第一天晚上，汤普金斯先生和教授父女一起吃晚饭。期间，他和老教授谈论了宇宙学，又和老教授的女儿谈论了艺术。晚饭后，汤普金斯先生终于回到了自己的房间，他倒在床上，拉过毯子盖住了头。波提切利①、邦迪②、萨尔瓦多·达利③、弗雷德·霍伊尔④、乔治·勒梅特⑤、拉封丹⑥，他疲惫的大脑将这些人混淆了……最后，他沉沉地睡了过去。

夜半时分，他突然醒来，并且有一种奇怪的感觉——他似乎并非躺在舒适的弹簧床垫上，而是躺在一个坚硬的东西上。他睁开眼睛，发现自己趴在一块大石头上。一开始，他以为这是海边，后来他发现这其实是一块非常大的石头，直径约9米，悬在太空中，没有任何可见的支撑。这块大石头上长满了绿色的苔藓，有几处石缝里还长出了小灌木丛。大石头周围的空间

---

① 桑德罗·波提切利（1446—1510），15世纪末意大利著名画家，出生于佛罗伦萨，肖像画先驱。

② 赫尔曼·邦迪（1919—2005），英国数学家，出生于奥地利维也纳。

③ 萨尔瓦多·达利（1904—1989），西班牙超现实主义绘画大师。

④ 弗雷德·霍伊尔（1915—2001），英国著名天文学家，主要成就是阐明了恒星重元素的构成，曾担任英国皇家天文学会会长。

⑤ 乔治·勒梅特（1894—1966），比利时宇宙学家，大爆炸理论的提出者和坚定支持者。

⑥ 拉封丹（1621—1695），法国古典文学的代表作家之一，寓言诗人。

被闪烁着的微光照亮，布满了灰尘。事实上，空气中的灰尘甚至比他在那些表现中西部沙尘暴的电影中看到的还要多，是他有生以来见过的空气中灰尘最多的一次。

他把手帕系在头上，盖住鼻子，然后才放松地呼了一口气。但是，周围的空间中还有比尘埃更危险的东西，经常有和他脑袋一样大甚至更大的石头，从他所在的这块石头附近的空间里旋转着飞过，偶尔会撞击他这块石头，发出一种奇怪的沉闷的撞击声。他还注意到有一两块和他所在的这块石头差不多大小的石头，在远处的太空中飘浮着。

在观察周围环境的同时，他紧紧抓住石头突出的边缘，生怕自己会掉下去并迷失在布满灰尘的深渊中。然而，他的胆子很快就大了起来，他尝试着爬到石头的边缘，想看看这块石头下面是否真的没有任何东西支撑。他正爬着，突然惊讶地发现，尽管他爬出的距离已经有石头周长的四分之一，却还是没有掉下去，他的重量将他紧紧压在岩石的表面上。

在他最初醒来的地方的正下方，有一些松散的石头堆成的山脊，他从山脊后面看过去，发现这块石头在这个空间里确实没有任何支撑。然而，更令他震惊的是，微弱的光线映出了他的朋友——老教授的高大身影，他竟然脑袋朝下地站着，并在笔记本上记着什么。

现在，汤普金斯先生慢慢明白了。他记得上学的时候听老师讲过，地球就是一个巨大的球状岩石，在太空中绕着太阳自由地转动。他还记得地球南北两极正好相对的画面。是的，他现在所处的这块岩石就是一个非常小的恒星体，吸引着所有在其表面的物体，而他和那位老教授是这颗小星球上仅有的两个居民。这让他感到些许安慰，至少他没有掉下去的危险了！

“早上好！”汤普金斯先生说道，试图将老人的注意力从计算中吸引过来。

那位老教授抬起头来。“这里没有早上，”他说道，“这个宇宙中没有太阳也没有会发光的星体。不过很幸运，这些天体的表面都在发生某种化学反应，不然我就没有办法观察到这个空间的膨胀了。”说完，他的注意力又回到了他的笔记本上。

汤普金斯先生不太高兴，整个宇宙里他就遇到了这么一个活着的人类，却是如此不擅交际！没想到，一块小陨石帮了他的忙——随着一声巨响，石块击中了教授手中的笔记本。笔记本被撞了出去，迅速穿过太空，离开了他们的小星球。随着视线中的笔记本越来越小，汤普金斯先生说道：“这下你再也见不到它了。”

“恰恰相反，”教授应道，“你看，我们现在所在的空间并不是无限延伸的。哦，是的，没错，我知道你在学校里听老师讲的是‘宇宙是无限的’‘两条平行线永远不会相交’。然而，无论是对其他人生活的那个空间，还是对我们现在所处的空间来说，这都是不正确的。不过，可以肯定的是，前者确实非常之大，科学家们估计它现在的直径大约有1.61×10^{22}千米，这对于普通人来说，可以算是无限大了。如果我把笔记本丢在那里，要花很长时间才能找回来。但是，在这里的话，情况就完全不同了。就在我的本子从我手里被打出去之前，我刚刚计算出，这个太空的直径只有约8千米，不过它正在快速膨胀。希望我的笔记本在半个小时之内能回来吧。”

这里没有早上

“但是，”汤普金斯先生试探着说道，“你的意思是，你的笔记本会像澳大利亚土著的回旋镖那样，沿着弧形轨迹飞旋，最后回到你脚下吗？”

“完全不是一回事。”教授回答道，“如果你想弄清楚究竟发生了什么，可以想象一个完全不知道地球是球体的古希腊人，假设他命令某个人一直往北走。可以想象，当他派出去的那个人最终从南边走回到他身边时，他是多么的惊讶。古希腊人从来没有环游世界（我的意思是环绕地球）的想法，他会非常笃定地认为，一定是那个人迷了路，走了一条弯路，才从南边回来了。事实上，他派的那个人一直在沿着地球表面所能画出的最直的线走，但他绕了地球一圈，因此才从相反的方向回来了。我的笔记本也是如此，除非在这个过程中它被石头击中，偏离了直线轨道。用这个双筒望远镜看看你是否还能看到它。”

汤普金斯先生把双筒望远镜举到眼前，透过望远镜看去，整个空间都充满了灰尘，视线有些模糊，但他还是看到教授的笔记本在非常遥远的太空中飞行着。他有些惊讶，因为所有的东西都呈现出粉红色，包括飘浮在远处的那个笔记本。

“等等！”过了一会儿，他喊道，“你的笔记本飞回来了，我看到它变得越来越大了。”

“不，”教授说道，“它还在向远处飞。你之所以看到它在变大，好像在往回飞，是由封闭的球面空间对光线的特殊聚焦效应造成的。让我们接着拿古希腊人的故事举例。如果光线可以一直沿着地球的弯曲表面传播，比方说通过大气时产生折射，那么他就可以用功能强大的双筒望远镜看到他派遣的那个人的整个旅程。

“如果你观察一下地球仪，你会看到它的表面有一种最直的线——子午线——先是从一个极点发散开来，在经过赤道之后，又开始向另一个极点会聚。如果光线沿着子午线传播，比如你此刻站在一个极点，会看到离开你的人越来越小，但当他越过赤道之后，你会看到他变得越来越大，在你看来，就好像他是在背对着你往回走，但其实他仍然在前进。当他到达另一个极点时，你会看到他高大得就好像站在你身边一样。然而，你无法触摸到他，就像你无法触摸到球面镜中的影像一样。在这个二维空间类比的基础上，你可以想象光线在不规则弯曲的三维空间中会发生什么。现在，我认为那个笔记本的影像应该很接近了。”

事实上，当汤普金斯先生放下望远镜时，他看到那个笔记本就在离他几米远的地方。不过，它看上去确实非常奇怪！它的轮廓很模糊，就像被冲洗掉了一样，教授写在上面的那些公式也变得难以辨别，整个笔记本看起来就像一张没有焦点的、没有冲洗好的照片。

“你现在看到了吧，”教授说道，“这只不过是笔记本的影像而已，这个影像因被穿越半个宇宙的光严重扭曲而失真。如果你想确定这一点，只需注意看，透过笔记本是可以看到本子后面的石头的。”

汤普金斯先生试图用手去抓笔记本，但他的手毫无阻力地穿过了影像。

“这个笔记本本身，”教授说道，“现在已经离宇宙的另一个极点很近了，这时你其实可以看到它的两个影像。第二个影像就在你身后，当两个影像重合的时候，就说明笔记本刚好到达了宇宙的另一个极点。”汤普金斯先生没有听教授的分析，他沉浸在自己的思考中，努力回忆着在基础光学中，物体的影像是如何通过凸面镜和透镜形成的。当他终于决定放弃时，这两个影像又向相反的方向退去了。

“但是，什么让空间弯曲，产生了所有这些有趣的现象呢？”他问教授。

“是有重量的物质。”这便是教授的答案，“当牛顿发现万有引力定律时，他认为万有引力只是一种普通的力，就像在两个物体之间拉伸一根弹性弦所产生的力一样。然而，始终存在着一种神秘的现象——所有的物体在重力作用下都具有相同的加速度和相同的运动方式，无关乎它们的重量和大小，当然，前提是忽略它们和空气产生的摩擦之类的影响。爱因斯坦第一个明确指出，有重量的物质的主要作用是产生空间的曲率，而所有在重力场中运动的物体的轨迹之所以发生弯曲，只是因为空间本身是弯曲的。但是我认为如果没有足够的数学知识，这对你们来说是很难理解的。”

“确实如此，”汤普金斯先生说，“但是，能不能告诉我，如果没有那些有质量的物体存在的话，我们在学校学的那些几何学还成立吗？两条平行线是不是就永远不会相交了？”

“是的，那样它们就不会相交了，”教授回答道，“但同时，也没有任何现实存在的生命体去确认这一点了。”

“好吧，或许连欧几里得也从未存在过，那是不是就可以构造在绝对真空中的几何学了？”

但是，这位教授显然不喜欢进行这种形而上学的讨论。

同时，那个笔记本的影像又向着原来的方向越飞越远，然后又开始往回飞。现在它看起来比之前更模糊了，很难辨认出来。据教授说，这是因为这次光线已经绕着整个宇宙转了一圈。

“如果你再转过头去，”教授对汤普金斯先生说，“你会看到我的笔记本在完成环球旅行后终于回来了。”他伸出手，抓住了那个笔记本，放进了口袋里。“你看到了吧，”他说，“宇宙中有太多的尘埃和石头，所以几乎不可能看到整个宇宙是什么样子的。你可能会注意到在我们周围有很多无定形的影子，这些影子其实极有可能是我们自己和周围物体的影像。然而，它们被灰尘和不规则的空间曲率扭曲得太厉害了，我甚至分不清哪个是哪个。”

“我们居住的那个巨大的宇宙中也有同样的现象吗？”汤普金斯先生问道。

“哦，是的。”教授回答道，“但是那个宇宙太大了，就连光都要花亿万年才能转一圈。即使没有镜子，你也能看到自己后脑勺上被剪掉的头发，不过要在你理发后的亿万年之后。另外，星际间的尘埃很有可能会让那些影像完全模糊掉。顺便说一句，有一位英国天文学家甚至认为，现在我们在天空中看到的一些星星，只不过是很久以前存在的星星的影像。”

汤普金斯先生努力想弄清楚这些解释，但他感到很疲惫，于是环顾四周。他惊讶地发现，天空的景象有了显著变化。周围的灰尘似乎少了些，他把系在头上的手帕拿了下来。小石块通过的频率比之前低得多了，撞击岩石表面的力量也小了很多。最后，他一开始就注意到的那几块跟他们所在的巨石一样大的石头也走远了，远到几乎已经看不到了。

“太好了，现在的日子变得舒服多了，”汤普金斯先生想着，“我之前一直在担心那些运动着的石头会撞向我。你能解释一下为什么我们周围发生了变化吗？”他转向教授问道。

“很简单。我们所在的这个小宇宙正在迅速膨胀，自从我们来到这里之后，它的直径已经从8千米增加到大约160千米了。我一发现自己身处这里，就通过远处物体红化的现象看出了这种膨胀。”

“原来如此，我也看到了远处的东西都变成了粉红色。”汤普金斯先生说道，“但是，为什么这种现象就意味着膨胀呢？”

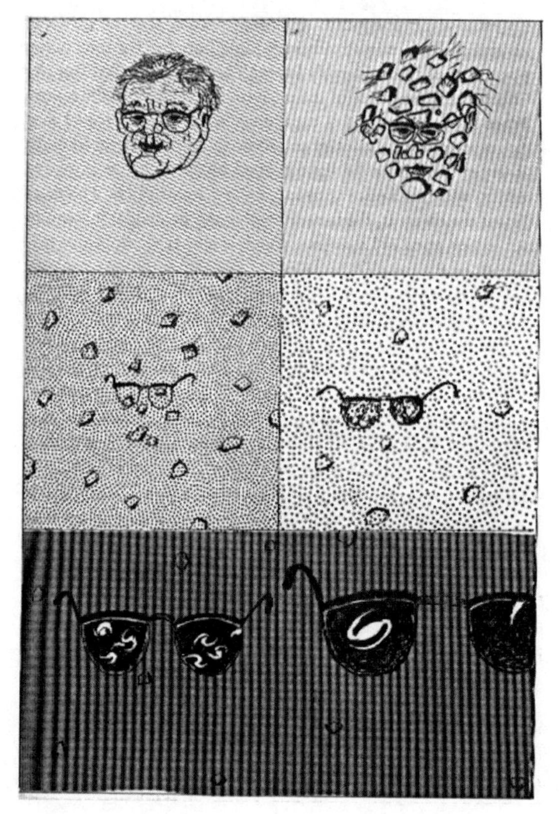

当宙的膨胀和冷却到了极限（摘自1960年1月16日《悉尼每日电讯报》的一幅漫画）

“你之前有没有注意到，”教授说道，“一辆正在驶来的火车发出的汽笛声听起来音调很高，但当火车经过你身边时，音调就会低很多。这就是我们所说的多普勒效应：音高的高低与声源的速度有关。当整个空间都在膨胀的时候，相对于观察者来说，所有处于其中的物体都会远离他，其远离的速度与观察者之间的距离成正比。因此，这些物体发出的光就会变红，在光学上，这就相当于一个较低的频率。物体离我们越远，它移动的速度越快，在我们看来它就越红。

“我们原来居住的那个古老的宇宙也在膨胀，而这种变红的现象——或者我们叫它红移——使天文学家能够测算出非常遥远的恒星云团的距离。比如说，离我们最近的一个星团，我们称其为仙女座星云，展现出0.05%的红移，光要到达这个红移度对应的距离需要80万年。但也有一些星云处于现代天文望远镜观测能力的极限之外，它们呈现出大约15%的红移，与数亿光年的距离相对应。据推测，这些星云差不多位于巨大宇宙的赤道的中点，而地球天文学家所知的空间总量占宇宙总量相当大的一部分。现在它的膨胀率大约是每年0.000 000 01%，也就是说宇宙半径每秒增加1600多千米。而我们现在所处的这个小宇宙的膨胀速度要快得多，它的半径每分钟增加大约1%。”

“这种膨胀永远不会停止吗？”汤普金斯先生问。

“不，当然会停止，”教授说道，“而且它停止膨胀之后便会开始收缩。每个宇宙都在一个非常小的和一个非常大的半径之间脉动。对于大宇宙来说，其周期也相当长，大约有几十亿年；但像我们这样的小宇宙的周期大约只有两个小时。我想我们现在看到的正是这个宇宙膨胀最大时的状态。你有注意到现在的气温很低吗？”

事实上，充斥在整个宇宙的热辐射，现在分布在一个非常大的空间中，因此提供给他们的小星球的热量很少，所以温度大约在冰点。

“我们运气不错，”教授说道，“因为初始辐射足够多，所以即使这个宇宙膨胀到了这个阶段，我们依然能够分享到一些热量。不然的话，我们这块岩石周遭的空气会因温度下降凝结成液体，而我们也会被冻死。但是这个小宇宙现在已经开始收缩了，很快就会温暖起来的。”

汤普金斯先生看了看天空，发现远处那些物体的颜色都从粉红色变成了紫罗兰色。根据教授的说法，这是由于所有的星体都开始向他们的方向移动了。他还记得教授说过的火车驶近时汽笛声很高的例子，因此他吓得瑟瑟发抖。

“如果现在一切都在收缩，那是不是意味着分布在宇宙中的大石块很快就会聚集到一起，那处于其间的我们会不会被压碎？”他焦急地问教授。

“肯定会的，”教授平静地回答道，“但我认为，在那之前，温度将会变得非常高，届时我们都将被分解成一个个独立的原子。这就是我们那个大宇宙的末日的缩影——一切都将混合成一个质地均匀的热气体球，只有新的膨胀开始之后，新的生命才会重新出现。”

他做了个挣脱的动作，竟把手伸到了凉爽的空气中

“哦，天哪！”汤普金斯先生喃喃低语道，“就像你提到的，在我们之前生活的那个大宇宙中，我们有几十亿年的时间，但在这里，一切都发生得太快了！即使穿着睡衣，我也已经觉得热了。”

“最好不要脱掉衣服。”教授说道，“没有用的。躺下来吧，尽可能多观察现在发生的一切。”

汤普金斯先生没有回答，空气热得他难以忍受。周围的灰尘越来越多，他觉得自己好像被裹在一张又软又暖的毯子里。他做了个挣脱的动作，竟把手伸到了凉爽的空气中。

“我是不是在这个荒凉的宇宙里挖了个洞？”这是他的第一个念头。他想问教授这是怎么一回事，但到处都找不到他。

就在这时，在朦胧的晨曦中，他认出了卧室里熟悉的家具的轮廓。他躺在床上，被一条羊毛毯紧紧地裹着，刚刚从毛毯中抽出一只手。

“新生命随着宇宙的膨胀而出现。”他依然记着老教授的话。“感谢上帝，我们的宇宙仍在膨胀着！”然后，他便去洗漱了。

宇宙的歌剧

那天早上吃早饭时，汤普金斯先生告诉了教授他前一天晚上做的梦，老教授听后持怀疑态度。

“宇宙的坍缩，”他说，“当然会是一个非常戏剧性的结局，但我认为星系相互衰退的速度是非常快的，所以目前的膨胀永远不会变成坍缩。甚至宇宙将持续膨胀，超越极限，星系在空间中的分布将变得越来越稀疏。当形成星系的所有恒星的核燃料都燃烧殆尽时，宇宙中将只剩下分散在无垠空间中的寒冷而黑暗的天体。”

“然而，也有一些天文学家不这么认为。他们提出了所谓的稳态宇宙论，根据该宇宙论，宇宙在时间上保持不变：它在无限遥远的过去的存在状态与我们今天看到的大致相同，并将继续以这种状态存在，直到无穷无尽的未来。当然，这符合大英帝国保持世界现状的古老原则，但我不太相信这种稳定状态理论的正确性。顺便说一下，这个新理论的创始人之一——剑桥大学的一位理论天文学教授，写了一部关于这个主题的歌剧，下周将在考文特花园首演。你为什么不买两张票带着莫德一起去看看呢？应该挺有趣的。”

就像大多数海峡边的海滩一样，他们度假的海滩很快便降温了，而且阴雨连绵。从海边回来几天后，汤普金斯先生和莫德舒舒服服地坐在歌剧院的红色天鹅绒椅子上，等着大幕拉开。前奏响起，有突发情况，乐队指挥不得不换了两次礼服的领子。当大幕终于拉开时，每个观众都不得不用手掌遮住眼睛——舞台上的灯光是那么明亮。从舞台上发出的强烈灯光瞬间就照亮了整个大厅，一楼的大厅和二楼的看台成了灿烂的光的海洋。

强烈的光亮渐渐消失了，汤普金斯先生发现自己似乎飘浮在黑暗的空间中，周围有许多快速旋转的、燃烧着的火把，这些火把就像节庆时夜间使用的火轮。看不见管弦乐队，但音乐听起来像管风琴的声音，汤普金斯先生看见他旁边有一个穿着黑

汤普金斯先生看到一个穿着黑色教士服、戴着牧师领的人

色教士服、戴着牧师领的人。根据节目安排，他就是比利时的乔治·勒梅特神父（Abbe Georges Lemaitre），他是第一个提出宇宙膨胀理论的人，这个理论通常被人们称为“大爆炸”理论。

汤普金斯先生到现在仍记得他的咏叹调的第一部分：

哦，最原始的原子！

形成一切的原子！

是比碎片还小的分解物，

它们形成了星系，

每个都有原始的能量！

哦，放射性原子！

形成一切的原子！

哦，无所不在的原子——

上帝的杰作！

漫长的进化，

是伟大的烟火故事，

在灰烬四起的哭泣中结束。

我们站在无关紧要的地方，

正在消逝的太阳与我们对峙，

永远铭记它起源时的辉煌。

哦，无所不在的原子——

上帝的杰作！

勒梅特神父唱完咏叹调后，出现了一个高个子的人——俄罗斯的物理学家乔治·伽莫夫（George Gamow），他在过去30年里一直在美国生活。他接着唱道：

敬爱的神父，我们的理解在很多方面都是一样的。

宇宙一直在膨胀，

从它诞生之初开始。

宇宙一直在膨胀，

从它诞生之初开始。

你说过它在运动中得以成长。

很遗憾，我不同意，

关于它是如何形成的，

我们的观念不同。

关于它是如何形成的，

我们的观念不同。

它是中子流吗？——绝对不是。

就像你说的，原始原子是无限的，一如既往，

可以追溯到无穷无尽的古老时代。

它是无限的，一如既往，自无限古老的时代起。

在无限的宇宙中，在坍缩中，

气体接受了命运的安排，

很多很多年前（几十亿年前），

已经到了最密集的状态。

很多很多年前（几十亿年前），

已经到了最密集的状态。

在那个关键时代，

整个太空一片辉煌。

光对物质是超然的，

它就像计数器一样，自有规律。

光对物质是超然的，

它就像计数器一样，自有规律。

每吨光辐射，

对应一盎司物质。

直到出现膨胀的脉动，

就在那个初期的碰撞。

直到出现膨胀的脉动，

就在那个初期的碰撞。

这时，

天色渐渐暗了下来。

几十亿年过去了……

物质，凌驾于光之上，

供应充足。

物质，凌驾于光之上，

供应充足。

物质开始凝结，

正如琼斯的假说描述的那样，

巨大的气体云正在凝聚，

形成原始星系。

巨大的气体云正在凝聚，

形成原始星系。

原始星系被粉碎，

在黑夜里向外飞去。

恒星由此形成，并且分散开来，

空间里充满了光。

恒星由此形成，并且分散开来，

空间里充满了光。

星系一直在旋转，

星星燃烧，成为最后的火花，

直到我们的宇宙变得稀薄，

毫无生气，寒冷而黑暗。

直到我们的宇宙变得稀薄，

毫无生气，寒冷而黑暗。

汤普金斯先生记得第三段咏叹调是由歌剧作者本人亲自演唱的。他突然从虚无中出现在明亮的星系之间，从口袋里掏出一个新生的星系，然后唱道：

宇宙，遵循上天的旨意，

从未在过去的时间里形成。

但它现在，过去，将来永远如此——

邦迪、戈尔德和我都这么认为。

就这样吧，哦，宇宙；

哦，宇宙，就保持这个状态吧！

我们宣告宇宙将保持稳定的状态！

老化的星系分散了，

燃尽，然后就这样消失不见。

但宇宙一直存在，

无论过去，现在，还是将来。

就这样吧，哦，宇宙；

哦，宇宙，就保持这个状态吧！

我们宣告宇宙将保持稳定的状态！

仍然有新的星系在凝聚，

从一无所有开始，就像它们以前那样。

对勒梅特和伽莫夫，我无意冒犯！

过去的一切，将永远存在下去。

就这样吧，哦，宇宙；

哦，宇宙，就保持这个状态吧！

我们宣告宇宙将保持稳定的状态！

尽管有这些鼓舞人心的话，但周围空间里的所有星系还是逐渐消失了。最后，天鹅绒幕布放下了，大歌剧院里的枝形吊灯取代了星系。

“啊，西里尔，”他听见莫德说，“我知道你在任何地方、任何时候都容易睡着，可你在考文特花园可不能也这样！你整场演出都在睡觉！”

汤普金斯先生把莫德送回家时，教授正坐在他那把舒适的椅子上，手里拿着刚到的《皇家天文学月报》在看。“嗯，演出怎么样？”他问。

“噢，太棒了！”汤普金斯先生说，“关于永恒存在的宇宙的咏叹调给我留下了特别深刻的印象。这听起来让人很安心。”

“对这个理论要小心，”教授说。“难道你不知道‘闪亮的东西不一定是金子’这句谚语吗？我刚刚读了剑桥大学另一位教授马丁·赖尔（Martin Ryle）写的一篇文章。他建造了一个巨大的射电望远镜，观察范围是帕洛玛山5米光学望远镜观察范围的几倍。他的观察表明，那些非常遥远的星系之间的距离比我们附近的星系之间的距离要近得多。”

“你的意思是，”汤普金斯先生问，“我们所在的宇宙区域的星系群密度较小，而随着我们越来越深入宇宙，这个密度将增大？”

“并非如此。”教授说，“你必须记住，由于光速是有限的，当你看向遥远的空间时，你也是在看向过去。例如，太阳光到达地球需要8分钟，所以地球上的天文学家观测到太阳表面的耀斑有8分钟的延迟。我们在太空中最近的邻居——仙女座的旋涡星系——你一定在天文学书籍中见过它的照片，它位于大约100万光年之外——我们现在拍摄到的照片实际上是它在100万年前的实际样子。因此，赖尔通过他的射电望远镜所看到的，或者应该说是听到的，是几十亿年前那个遥远的地方的宇宙的情况。

“如果宇宙真的处于稳定状态，那么这幅图像不应该随时间发生改变。我们从这里观察到的非常遥远的星系应该与近处的星系密度相似，哪个都不应该更稀薄。但是赖尔的观察表明，遥远的星系在空间中似乎更紧密地聚集在一起，这相当于说，在遥远的过去，即亿万年前，所有星系都更紧密地聚集在一起。这与稳态理论相矛盾，并验证了最初的观点——即星系正在分散，星系的密度正在下降。当然，我们必须小心谨慎，等待赖尔的结果得到进一步证实。”

“顺便说一句，”教授从口袋里掏出一张折叠起来的纸，继续说道，“这是我的一位爱好诗歌的同事最近写的一首关于这个问题的诗。”

他念道：

“你多年的辛劳，”
赖尔[1]对霍伊尔[2]说，
“都是虚度的岁月。
相信我，稳态一说，
已经过时了。
除非我的眼睛欺骗了我。”

“我的望远镜
使你的希望破灭；
你的理论被驳倒了。
让我长话短说：
‘我们的宇宙
日渐稀释！’”

① 马丁·赖尔（Martin Ryle，1918—1984），英国天文学家，发明了双天线射电干涉仪，研制成功最大变距为1.6千米的综合孔径射电望远镜，综合孔径射电望远镜的诞生开创了射电天文学的新纪元。因这一重大贡献，他获得了1974年的诺贝尔物理学奖。

② 弗雷德·霍伊尔（Fred Hoyle，1915—2001），英国著名天文学家，曾担任英国皇家天文学会会长。他在1948年与赫尔曼·邦迪、汤米·戈尔德一起创立了恒态宇宙模型，后两人的名字在歌词和诗中都有提及。

霍伊尔说："我注意到
你引用了勒梅特和伽莫夫的话。
忘掉他们吧，维尔特！
那是个谬论的学派，
还有那个'宇宙大爆炸'理论——
为什么要帮助他们，受其教唆？

"你看，我的朋友，
宇宙没有尽头，
没有开始，
就像邦迪和戈尔德一样，
我会坚持下去，
直到我们的头发变稀疏！"

"并非如此！"赖尔喊道，
他肾上腺激素飙升，神经紧绷，
"正如每一个人都可以看到的，
遥远的星系更紧密地聚集在一起！"

"你真让我恼火！"

霍伊尔也爆炸了，
他重新组织语言：
“每一个白天和黑夜，
都有新物质在诞生，
使宇宙的景观保持不变！”

“别胡扯了，霍伊尔！
我一定要狠狠驳倒你。”（有趣的开端？）
“再等等，”
赖尔继续说，
“我会让你恢复理智的！”[①]

“好吧。”汤普金斯先生说，“看来，这场争论的结果将会是振奋人心的。”他在莫德的脸颊上吻了一下，祝他们俩晚安。

① 在本书第一次印刷的前两周，F. 霍伊尔撰写了一篇题为《宇宙学的最新发展》的文章（《自然》1965年10月9日）。霍伊尔写道：“赖尔和他的同事统计了无线电源……射电计数的迹象表明，过去的宇宙比现在的宇宙密度更大。”然而，作者决定不修改《宇宙的歌剧》的咏叹调，因为歌剧一旦创作出来，就会成为经典。事实上，在现代歌剧中，苔丝狄蒙娜在被奥赛罗勒死之前，还唱着一首美丽的咏叹调。

量子台球

一天，汤普金斯先生在银行工作一整天后，感到非常疲惫——他忙了一整天房产方面的业务。回家的路上，他路过一家酒吧，便决定进去喝杯啤酒。汤普金斯先生喝了一杯又一杯，很快便感到有点头晕。酒吧后面是一个台球室，里面挤满了穿衬衫的男人，他们围在中央的桌子旁打台球。汤普金斯先生模糊地记得以前来过这里，当时是他的一个同事带他来的，还教他打过台球。

汤普金斯先生靠近桌子，观看比赛。这时，奇怪的事情发生了！一个玩家把一个球放在桌子上，用球杆击了它一下。看着滚动的球，汤普金斯先生惊奇地发现，球开始“散开”了。这是他所能想到的唯一可以用来形容球此刻奇怪状态的词语。球在绿色的台子上滚动着，渐渐失去了清晰的轮廓，变得越来越模糊，看起来就好像桌子上不止一个球在滚动，而是有很多球在同时滚动，它们彼此之间有一部分重叠在一起。汤普金斯先生以前也经常观察到类似的现象，但是今天，他一滴威士忌都没有喝，所以他不明白为什么会发生这种情况。“好吧，”他想，“让我们看看这一团球是怎么打到另一粒球的。”

击球的玩家显然是位行家，那团球滚动着径直朝目标而去，撞击到另外一颗球。随着一声响亮的撞击声，被击中的球和一开始的那粒球（汤普金斯先生已经分不清哪个是哪个）都朝“四面八方”冲去。是的，这很奇怪。现在已经不再是两个看上去像糨糊一样的球，而是无数个模糊的、像糨糊一样的球，在最初撞击的方向180°范围内向外滚去，看起来有点像从碰撞点扩散开来的一个奇特的波。

但是，汤普金斯先生注意到，在最初撞击的方向上有一个最大的“球流”。

白色的球向四面八方散开

“S波散射。”汤普金斯先生身后响起一个熟悉的声音，他听出是教授的声音。“那现在，”汤普金斯先生说道，“这里又有什么东西弯曲了吗？在我看来这个桌子非常平啊。”

“没错，”教授回答道，“这里的空间是非常平坦的，你看到的是量子力学的现象。”

“哦，矩阵！”汤普金斯先生带着嘲讽的语气说。

“或者说，是运动的不确定性。”教授说，“用我的话来说，就是台球厅的主人收集了几件具有‘宏观量子效应’的东西。其实自然中的所有物体都遵循量子法则，只不过对于所有这些物体来说，这些现象中起主导作用的所谓的量子常数是非常非常小的。事实上，它的数值在小数点后有27个零。不过，对于这里的这些球来讲，这个常数要大一些——大约接近1——让你可以很容易地用肉眼看到这种量子现象，而通常情况下科学家们只能通过非常敏感和复杂的观察方法才能发现这种现象。”说到这里，教授沉思了一会儿。

“我无意追究，”他继续说道，“但我很想知道这些球是哪儿来的。严格意义上讲，我们的世界不可能存在这种球，因为在我们的世界里，所有物体的量子常数值都非常小。”

“也许他是从别的世界引进的吧。”汤普金斯先生说。但这位教授并不认同这种说法，仍然持怀疑态度。“你已经注意到了，”他继续说道，“球‘散开’的现象。这就意味着他们在桌子上的位置是不确定的。你不能确切地指出球的位置，你只能说球‘大概率在这里’，但也‘有可能在其他地方’。”

“这很不寻常。”汤普金斯先生喃喃道。

“恰恰相反，”教授坚称，“这绝对是很正常的，因为它发生在所有真实存在的物质上。只是由于量子常数的值很小，以及普通观测方法的粗糙，人们才没有注意到这种不确定性。于是他们得出了一个错误的结论，即位置或速度都是可以准确测定的量。实际上两者在某种程度上都是不确定的，一个测量得越准确，另一个就越分散，越不准确。量子常数决定了这两个不确定性之间的关系。看这里，我现在要给这个球的位置设定一个明确的范围，把它放进一个木制三角形框中。”

这个球一被放进封闭的框中，整个三角形内部就充满了象牙白色的光。

“你看！”教授说，“我把这个球的位置限定在这个三角框的范围内，这导致了速度的不确定性，所以球在边界内快速运动。”

“你能让它停下来吗？”汤普金斯先生问道。

“不能——从物理学上来说是不可能的。封闭空间中的任何物体都会以一定的速度运动——我们的物理学家称之为零点运动。例如，任何原子中电子的运动都属于零点运动。”

就在汤普金斯先生看着那个球就像一只被关在笼子里的老虎一样，在木框里滚来滚去时，不寻常的事情发生了。那粒球从三角框架中“漏出来”，滚向了桌子远处的一角。令人惊讶的是，这粒球并不是从木框中跳出去的，而是从框壁穿过去的，始终没有离开过桌面。

“喏，你看到了吧，”汤普金斯先生说，“你所谓的‘零点运动’的东西跑掉了。这也符合量子定律吗？”

“当然符合。”教授说道，“事实上，这就是量子力学最有趣的地方。如果一个物体具有穿过墙逃跑的能量，那么一个封闭圈内是不可能框定住它的。也就是说，这个物体早晚都会‘漏出去’跑掉的。”

“这么说的话我再也不会去动物园了。”汤普金斯先生果断地说。他丰富的想象力立刻勾勒出一幅可怕的画面：狮子和老虎从笼子中“漏出来”。然后他一转念又想到了一辆被锁在车库的汽车漏出去，就像一个中世纪的古老幽灵那样，穿过车库的墙。

“我要等多久，”他问教授，“才能等到一辆汽车——不是用这种材料制造的，而是用普通钢材制造的——从砖墙里‘漏出来’？我很想看看！”

教授在头脑中迅速计算，终于得出了答案：“这大约需要1 000 000 000……000 000年。”

尽管汤普金斯已经习惯了银行账户里的巨额数字，但教授所说的拥有那么多个“零”的数字还是令他头脑发昏——不过，如此一来，时间也足够长了，长到他不用担心自己的车跑掉了。

“就算我相信你说的这一切，但是，如果没有这些球的话，我不知道我们怎么才能观察到这种现象。”

汽车就像是中世纪的幽灵一样穿过墙壁

“这是一个合理的反问，”教授说道，“当然，我的意思不是说，量子现象可以在你通常遇到的那些物体上观察到。问题在于，量子定律在诸如原子或电子等质量非常小的物体上会表现得更加明显。对于这些粒子，量子效应已大到普通力学完全不适用的程度。两个原子之间的碰撞看起来就像你刚才观察到的两个球之间的碰撞一样，而原子内部的那些电子的运动，则与我放在木制三角框里的台球所做的‘零点运动’类似。”

“那原子会经常跑出来吗？”汤普金斯先生问。

“哦，是的，经常发生这样的事。你肯定听说过放射性物质，它的原子就会自发地衰变，释放出速度非常快的粒子。这样一个原子，或者更确切地说，是处于它中心的叫作原子核的部分，与停放汽车的汽车库类似，而其他粒子就相当于存放在车库中的汽车。它们确实是通过原子核壁泄漏出来的——它们有时甚至一秒都不会待在里面。在这些原子核中，量子现象就变得非常常见。”

经过这段时间的交谈，汤普金斯先生非常疲惫，他心烦意乱地环顾四周。他的注意力被房间角落里一座巨大的老爷钟——长长的老式钟摆来来回回地摆动着——吸引了。

“我看你对这座钟表很感兴趣啊，”教授说道，“这也是个不常见的力学体系——但是现在已经过时了。钟表代表着人们最初开始思考量子现象时的方式。钟表的钟摆被设置得只能增加有限的振幅。但是现在，所有的钟表匠都喜欢使用新的展开式钟摆。”

“啊，我多希望我能理解这些复杂的事情！”汤普金斯先生说道。

“很好，”教授接着说，“我是在去做量子理论讲座的路上进了这家酒吧，因为我透过窗户看见了你。现在我得走了，不然就要迟到了。你愿意一起来吗？”

“哦，好的，我当然愿意！”汤普金斯先生说。

像往常一样，大礼堂里挤满了学生，汤普金斯先生很高兴能在台阶上找到一个座位。接下来，教授开始了他的讲座。

女士们、先生们：

在之前的两场讲座中，我尝试着给大家展示了人们是如何发现所有物理速度都有上限的，还对直线的概念进行了分析，这使得我们对经典的时空概念进行了彻底的重构。

然而，对物理学基础进行的批判性分析不会在这个阶段停止，还有更多惊人的发现和结论等待着我们。我指的是被称为量子论的物理学分支，它不太关注空间和时间本身的特性，而是关注物质在空间和时间中的相互作用和运动。在经典物理学中，任何两个物体之间的相互作用都可以按照实验条件的要求缩小，必要时甚至可以忽略不计。比如说，在研究某些过程中产生的热量时，人们担心使用温度计会带走一定量的热量，从而对所要观察的正常过程造成干扰，而实验人员总是确信，通过使用一个更小的温度计，或一个非常小的热电偶，就可以将这种干扰减小到所需精确度的极限以下。

人们确信，原则上，任何物理过程都可以用任意所需的精确度观察到，且结果不会被观察所干扰。这种信念如此坚定，以至于没有人费心去明确提出质疑，并且所有这类难题一直被视为纯粹的技术难题。然而，20世纪初以来，不断积累的新的实验结果使物理学家得出结论——实际情况真的要复杂得多，而且在自然界中存在着某种相互作用的下限，这个下限是永远无法被逾越的。对于我们日常生活中所熟悉的各种物理过程来说，这种自然极限是可以忽略不计的，但当我们研究发生在原子和分子这样微小的机械系统中的相互作用时，这个极限就变得十分重要了。

1900年，德国物理学家马克斯·普朗克在研究物质和辐射之间理论上的平衡条件时，得到了一个出乎意料的结论，那就是这样的平衡是不可能达到的，除非我们假设物质和辐射之间的相互作用并不像我们一直认为的那样是连续发生的，而是以一系列独立的“冲击”的形式发生的。在这种基本的相互作用中，一定量的能量在物质和辐射之间相互转换。为了达到理想的平衡状态，也为了证明理论与实验结果一致，有必要在每次冲击传递的能量与导致能量转换过程的频率（逆周期）之间引入一个简单的数学比例关系。

因此，普朗克用符号“h”来表示比例系数，而每次冲击所能转移的最小值，或者说量子，可以用下列公式算出：

$$E=h\nu \qquad \cdots\cdots(1)$$

其中ν代表频率。常数h的数值为6.626×10^{-27}尔格·秒，这个常数也被称为普朗克常量或量子常数。由于它的数值过小，所以我们日常生活中通常观察不到量子现象。

几年后，爱因斯坦进一步完善并发展了普朗克的理论，并得到一个结论：辐射不是在发射时才形成有限的、离散的形式的，而是始终以离散的“能量包”的形式存在的。爱因斯坦称这些“能量包”为光量子。

在光量子运动的情况下，除了它们本身就具有的能量$h\nu$之外，它们还应该具有一定的机械动量。根据相对力学，这个动量应该等于它们的能量除以光速c。记住，光的频率和它的波长λ是相关的，通过关系式$\nu=c/\lambda$，我们可以写出一个光量子的机械动量公式：

$$P=\frac{h\nu}{c}=\frac{h}{\lambda} \qquad \cdots\cdots(2)$$

由于运动物体在碰撞中产生的机械作用是由它的动量决定的，所以我们可以得出结论：光量子的作用随其波长的减小而增大。

美国物理学家阿瑟·康普顿用实验证明了光量子理论以及光量子具有能量和动量这一观点的正确性，他在研究光量子和电子之间碰撞时发现，一束光可以使电子运动起来，其运动就好像被一个粒子击中了一样，粒子的能量和动量可以由公式（1）和（2）算出。在与电子碰撞后，光量子本身也显示出某些频率上的变化，与理论预测完全一致。

目前我们可以说，就与物质的相互作用而言，辐射的量子特性是一个已被证实的实验事实。

量子理论的进一步发展要归功于著名的丹麦物理学家尼尔斯·玻尔，他在1913年率先提出了一种理论：任何机械系统的内部运动，其可能产生的能量都只有一组能量值，并且运动只能通过有限的幅度来改变状态，在每一次这样的转变中，都会放射出一定量的能量。用以定义这个机械系统可能状态的数学规则比辐射的情况要复杂得多，我们在这里不做讨论。我们只指出，正如光量子的动量是由光的波长来决定的，在机械系统中，任何运动粒子的动量都由其运动区域的几何尺寸决定，其动量值可以用下面的公式来表达：

$$P_{\text{粒子}} \cong \frac{h}{l} \qquad \cdots\cdots(3)$$

在这里，l是运动区域的线性尺寸。由于量子常数的数值极小，量子现象可能只对发生在原子和分子内部这样小的区域中的运动效应才明显，并且对我们了解物质内部结构起着非常重要的作用。

詹姆斯·弗兰克和古斯塔夫·赫兹用不同能量的电子轰击原子，结果发现，只有当轰击电子的能量达到一定的离散值时，原子的状态才会发生明确的变化，这是微观机械系统存在离散状态序列的最直接证明。如果把电子的能量降到某个极限值以下，那么观察者是观察不到原子的任何变化的，因为单个电子所携带的能量不足以让原子从第一量子态上升到第二量子态。

因此，在量子理论发展的最初阶段结束时，可以说，这一理论并不是对经典物理学基本概念和原理的修正，而是用一些神秘的量子条件对经典物理学进行一些人为的限制：从经典物理学认为的连续运动的状态中挑选出了一些离散“允许的”运动。但是，如果我们更深入地研究经典力学定律和我们通过实验所需要的量子条件之间的联系，我们将会发现，根据它们所得到的系统在逻辑上是矛盾的，而且根据实验得到的量子限制使经典力学的基本概念变得毫无意义。事实上，经典理论中关于运动的基本概念是：在任意给定的时刻，任何运动的粒子在空间中都占据确定的位置，并具有确定的速度——描述该粒子的位置随时间变化的运动轨迹。

位置、速度和轨迹这些基本概念，都是基于经典力学精心构建的，是通过观察我们周围的现象而形成的（就像我们所有的其他物理概念一样），并且，一旦我们的经验扩展到新的、以前未探索的领域，这些概念就可能像经典的时空概念那样被重新修正。

如果我问一个人，为什么他坚信任何运动的粒子在一段给定时间内，在空间上占据的位置的变化所形成的一条确定的线可以称之为轨迹，他极有可能会回答说：“因为我观察到粒子就是这样运动的。”让我们深入分析一下“运动轨迹”这一经典概念形成的方法，看看它是否真的能得出一个确定的结果。为此，我们想象一个物理学家配备了各种最精密的仪器，试图追踪一个从实验室墙上抛出的小物体的运动。他决定通过“看”的方式来观察物体如何运动，为此他使用了一个小型但非常精确的经纬仪。当然，要看到移动的物体，就必须有光，他知道光线会对物体产生压力，可能会干扰它的运动，所以他决定只在他进行观察的瞬间使用短暂闪光的工具来照明。

在他的第一次试验中，他只想观察物体运动轨迹上的10个点，因此他选择了微弱的手电筒光源，这样一来，连续10次照明时光压力产生的总效应应该在他需要的精度之内。所以，在物体下落的过程中，手电筒闪烁10次，他以所要求的精度在物体运动轨迹上获得了10个点。

现在他想重复这个实验过程，并得到100个点。他知道连续100次的照明会极大地干扰物体的运动，因此，在准备第二组观察时，他选择了照明强度为原来十分之一的手电筒。在进行第三组实验观察时，他想得到1000个点，于是又把光源强度降低为第一次的一百分之一。

就这样，通过不断降低照明强度，只要不超过他一开始设定的误差值的范围，他可以在轨迹上得到任意多的点。这个理论上可以实现的高度理想化的实验过程，是符合逻辑的，是通

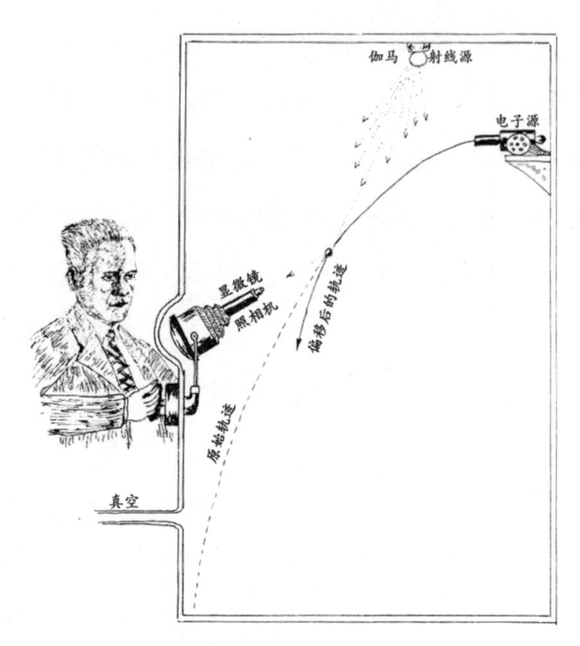

海森堡的γ射线显微镜

过“观察运动的物体”来构造物体运动轨迹的方法。在经典物理学的框架中，这完全可能。

现在让我们看看，如果我们引入量子的限制，并考虑到任何辐射的作用只能以光量子的形式传递这样一个事实，在刚才的实验中会发生什么。我们已经看到，观察者在不断减少照亮运动物体的光量，现在我们可以预料到的是，一旦他把光量下降到只有一个量子，就不可能再继续下降了。这一个光量子要么被运动物体反射回来，要么不被运动物体反射回来；而在后一种情况下，观测是无法进行的。当然，我们知道光量子的碰撞效应会随着波长的增加而减小，而我们的观察者也知道这一点，所以他肯定会尝试用波长比较大的光来进行观察，以便在增加观察次数的情况下减少干扰。但在这里，他将遇到另一个难题。

众所周知，当使用某一波长的光时，人们无法看到比所用波长更小的细节部分，就好像现实中没人能用油漆匠的刷子来画波斯细密画一样！因此，随着使用的波的波长的增加，物理学家对每一个单点位置的估计都会受到很大影响，很快就会变成这样一种情况：每一个点的位置都将是不确定的，其差值与他的整个实验室的尺寸相当，甚至更大。因此，他最终将被迫在观测点的数量和每次一个点的不确定性之间做出妥协，并且永远无法像他遵循经典概念的同事们那样得到一条精确的轨迹。他能得到的最好结果就是一个相当宽而且模糊不清的带状轨迹，而且，如果他基于这个实验所得的轨迹来建立概念的话，这种概念和经典概念也会有很大不同。

这里讨论的方法是光学方法，现在我们可以尝试另一种可能性，即使用机械方法。为此，我们的实验人员可以设计一种精致的机械装置，比如装在弹簧上的小铃铛，当物体经过它时，它可以把物体通过的路线记录下来。实验者可以将大量这样的“铃铛”装在移动物体预期通过的空间中，在物体通过之后，“铃声”就代表了物体经过的轨迹。在经典物理学中，人们可以把“铃铛”做得尽可能小，也尽可能灵敏，在有无限多个无限小的铃铛这种极限情况下，就可以在任何所需的精度下形成轨迹的概念。

然而，机械系统的量子限制将再次破坏这种情况。根据公式（3），如果“铃铛”太小，它们从运动物体那里获得的动量就会非常大，即使物体只击中了一个铃铛，运动也会受到很大干扰。如果“铃铛”很大，每个位置的不确定性也将非常大，最后得出的轨迹将再次变成一个扩展带！

上面所说的这些关于实验人员试图观察轨迹的讨论，可能会给人一种太过专业的印象，使得你们倾向于认为，即使观察者不能用他所使用的方法来确定轨迹，也可能存在其他一些更

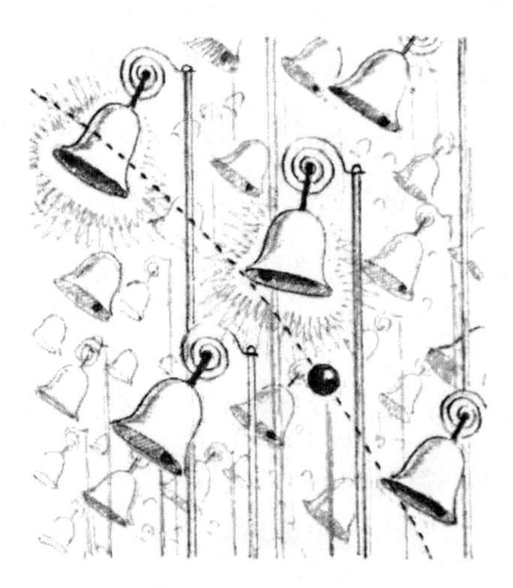

装在弹簧上的小铃铛

复杂的装置，能给出他想要的结果。然而，我必须提醒你，我们在这里讨论的并不是在某个物理实验室里做的任何特定的实验，而是物理测量中最普遍的理想化问题。我们这个世界上存在的任何一种作用都可以归结为辐射作用或纯机械作用，因此任何精心设计的测量方案都离不开这两种方法的原理，并最终导致同样的结果。既然我们理想的“测量仪器”能够涵盖物理世界的所有，那么我们最终可以得出这样的结论：像精确的位置和精确形状的轨迹这样的东西，在遵从量子定律的世界里是不存在的。

现在让我们回到实验上，试试看能不能用数学表达式来描述量子条件所施加的限制。我们已经看到，在前面提到的两种方法中，对物体位置的测量总会干扰物体运动速度。如果使用光学方法，那么根据动量守恒定律，粒子与一个光量子的碰撞会导致粒子动量的不确定性，其大小与所使用的光量子的动量相当。因此，利用公式（2）可以写出粒子动量的不确定性公式：

$$\Delta P\text{粒子} \cong \frac{h}{\lambda} \qquad \cdots\cdots(4)$$

而且，粒子位置的不确定性取决于光量子的波长（$\Delta q \cong \lambda$），因此我们得出：

$$\Delta P_{\text{粒子}} \times \Delta q_{\text{粒子}} \cong h \qquad \cdots\cdots(5)$$

在机械方法中，运动粒子的动量因被“铃铛”取走一部分而不确定。使用公式（3）再联系在这种情况下位置的不确定性由铃铛的大小（$\Delta q \cong l$）所决定，我们就可以再次得到与前一情况相同的公式。德国物理学家维尔纳·海森堡率先提出了关系式（5），是量子理论最基本的不确定性表达式——定义位置越准确，动量就变得越不准确；反之亦然。

记住，动量是运动粒子的质量和速度的乘积，我们可以写作：

$$\Delta v_{粒子} \times \Delta q_{粒子} \cong \frac{h}{m}_{粒子} \qquad \cdots\cdots（6）$$

对于我们通常接触到的物体来说，这个值是非常小的。即使是质量为0.000 000 1克的尘埃粒子，其位置和速度都可以以0.000 000 01%的精度测量！但是，对于一个电子（质量为10^{-29}克），产生的量（$\Delta v \times \Delta q$）应是100的量级。可以确定，原子中电子的速度单位至少应该确定在$\pm 10^{10}$厘米/秒的范围内，否则它就会脱离原子。因此可以得出位置的不确定度为10^{-8}厘米，恰好等于原子的总维度。因此，原子中电子的“轨道”以一定程度扩展，令轨道的“厚度”等于它的“半径”。所以这个电子将同时出现在原子核周围的每个点上。

在刚才的20分钟里，我尝试向你们展示了我们对经典运动概念进行批判性分析产生的灾难性结果。优雅而明确的经典概念被粉碎，取而代之的是不成形的“稀粥”一样的东西。你可能会很自然地问我：物理学家究竟要如何描述在这个不确定性的海洋中出现的任何现象呢？答案是，到目前为止，我们已经摧毁了经典概念，却还无法确切描述新概念。

现在我们来继续讨论这个问题。显然，如果因为运动粒子的位置和轨迹处于弥散状态而导致我们不能用数学上的点和线来定义其位置和运动轨迹，那我们就应该使用其他方法来描述，也就是改为描述“稀粥”在不同的空间点上的密度。在数学上，这意味着需要使用连续函数（正如在流体动力学中使用的函数）；而在物理上，则要求我们采用“这个物体大部分在这里，少部分在那里，甚至更远的地方”或者“这枚硬币的75%在我口袋里，25%在你口袋里”这样的表达方式。我知道这样的句子会吓到你，但是由于量子常数的值非常小，你在日常生活中永远不会用到它。不过，如果你要学习原子物理学，我强烈建议你先习惯这样的表达方式。

在这里，我还必须警告你，描述“存在密度”的函数在我们普通的三维空间中具有物理意义这是非常错误的想法。事实上，如果我们想要描述两个粒子的行为，就必须回答当第一个粒子在一个地方出现时，第二个粒子同时在另一个地方出现的问题。为了做到这一点，我们必须使用一个在三维空间中很难“定域”的六变量函数（两个粒子各有三个坐标）。对于更复杂的系统，必须使用含有更多变量的函数。从这个意义上说，“量子力学函数”类似于经典力学中粒子系统的“势能函数”

或统计力学系统中的“熵”函数。它只描述运动状态，并帮助我们预测特定运动在给定条件下的结果。它的物理意义只有在描述粒子的运动时才得以体现。

描述粒子或粒子所在系统在不同地方存在可能性的函数需要一些数学符号，根据奥地利物理学家埃尔温·薛定谔的意见，用符号“ΨΨ”表示。薛定谔是第一个写出定义该函数运动方程的人。

在这里，我不打算用数学证明他的基本方程，但我会带着你们了解一下使这个等式成立的必要条件。这些条件中最重要的一条是：方程必须写成这样一种形式，即描述物质粒子运动的函数应表现出波的所有特征。

法国物理学家路易斯·德布罗意在对原子结构进行理论研究的基础上，首先指出了将波的性质归因于物质粒子运动的必要性。在接下来的几年里，大量的实验证明了物质粒子运动的波动特性，如电子束通过一个小孔时会产生的衍射现象，又比如在分子这样相对大而复杂的粒子上发生的干涉现象。

从关于运动的经典概念来看，我们观测到的物质粒子具有波的性质是绝对不可理解的，因此德布罗意提出一种相当反自然的观点：粒子“伴随”着某些波，也可以说是这些波“指导”着粒子的运动。

然而，一旦我们突破经典概念，开始用连续函数来描述运动，再来理解波特性的要求就变得容易多了。也就是说，“ΨΨ”函数的传播不是类似于热量透过墙壁这样的传播，而更像是机械变形（声音）透过墙壁的传播。从数学上讲，它要求我们找到一个明确的且形式严格的方程。这个基本条件加上我们方程的附加条件，当把它们一起应用到量子效应可以忽略不计的大质量粒子的经典力学方程上时，实际上是把寻找这个方程的问题简化为了纯粹的数学问题。

如果你对方程的最终形式感兴趣，我可以写在这里。如下所示：

$$\nabla^2\Psi+\frac{4\pi mi}{h}\Psi-\frac{8\pi^2 m}{h}U\Psi=0 \quad \cdots\cdots(7)$$

在这个方程中，函数U表示作用在粒子（质量为m）上的力的势能，它对于任何给定的力场分布中的运动问题都给出了明确的解。“薛定谔波动方程”的应用，让物理学家在其被提出后的四十年里，对发生在原子世界中的所有现象，都能描述出最完整的、最逻辑连贯的图景。

你们中的一些人可能很好奇，为什么直到现在我还没有用过“矩阵”这个词——这个词经常在量子理论中被提及。我必须承认，我个人不喜欢这些矩阵，也不喜欢使用它们。但是，为了不让你们对这个量子理论的数学手段一无所知，我还是想说一两句。如你们所见，人们在描述粒子或复杂机械系统的运动时，总是用某些连续波函数来描述。这些函数通常比较复杂，可以看作是由一些简单的振荡，即所谓的“本征函数”组成的，就像一些简单的和声音符可以组成一个复杂的声音一样。

人们可以通过给出不同分量的振幅来描述整个复杂运动。由于分量（泛音）的数目是无限的，我们必须以表格形式写出无限个振幅，其形式如下：

$$\begin{matrix} q11 & q12 & q13 & \cdots \\ q21 & q22 & q23 & \cdots \\ q31 & q32 & q33 & \cdots \\ \cdots & \cdots & \cdots & \cdots \end{matrix} \qquad \cdots\cdots(8)$$

这样一个符合比较简单的数学运算法则的表，被称为与给定运动相对应的“矩阵”。一些理论物理学家更喜欢用矩阵运算，而不是用波函数本身。因此，他们有时称之为“矩阵力学”，因为它只是普通的“波动力学”的数学变形。在这场讲座中，我们主要讨论的是原理问题，不需要深入讨论这些数学问题。

很抱歉，由于时间有限，我无法向你们描述量子理论与相对论进一步结合后取得的进展。这一进展主要是由英国物理学家保罗·狄拉克（Paul Dirac）研究取得的，他带来了一些非常有趣的观点，也引导了一些极其重要的实验发现。也许他日我可以再来讲讲这些问题，但现在就到此为止吧。希望这一系列的讲座帮助你们更为清晰地了解了物理世界的现代概念，也激发了你们进一步学习的兴趣。

量子丛林

第二天早晨，汤普金斯先生正在床上打瞌睡，突然意识到房间里有人。他环顾四周，发现他的老朋友——教授，正坐在扶手椅上全神贯注地研究摊在膝盖上的地图。

“你要一起去吗？”教授抬起头问道。

“去哪儿？”汤普金斯先生说，心里却好奇教授是怎么进入他的房间的。

“当然是去看大象，还有量子丛林里的其他动物。我们最近去过的那个台球室的老板把他的秘密告诉了我，也就是关于他用来制作台球的象牙的来源。你看到我用红铅笔在地图上标出的这个地区了吗？这个地区的一切都遵循量子定律，而且这里的量子常数值非常大。当地人认为这一带有妖怪出没，所以我们恐怕很难找到向导了。话说回来，如果你想一起去的话，最好动作快点。还有一小时船就要开了，我们还得去接理查德爵士。”

“理查德爵士是谁？”汤普金斯先生问。

“你没听说过他？”教授显然很吃惊，“他是一位著名的猎虎者，当我向他保证那里肯定生活着有趣的猎物后，他立马就决定和我们一起去。”

他们到达码头时，正好看到有人在往船上装一些长箱子，箱子里装着理查德爵士的步枪和由铅制成的特殊子弹——制造这些子弹的铅都是教授在量子丛林附近的铅矿中找到的。当汤普金斯先生在船舱里整理行李时，船的晃动告诉他，他们出发了。这次海上航行没发生什么特别的事，汤普金斯先生几乎没有注意到时间过去了多久，他们就在一个景色迷人的东方城市上岸了，这是离神秘的量子区域最近的人口稠密的地方。

“现在，”教授说道，“我们得买一头大象，好继续我们内陆的旅行。我想没有一个当地人愿意和我们一起去，所以我们必须自己赶大象，而你，我亲爱的汤普金斯，必须学会这项技能。我要忙于我的科学观察，而理查德爵士也得忙着处理枪支。”

当汤普金斯来到市郊的大象市场时，他看到了那些巨大的动物，他必须选一头来骑，这让他很不高兴。理查德爵士对大象很了解，他挑选了一头不错的大家伙，问主人它的价格。

“Hrup hanweck'o hobot hum.Hagori ho,haraham oh Hohohohi.”本地人说道，亮出一口闪亮的牙齿。

“他想要一大笔钱，”理查德爵士翻译说，“但他说这是一头来自量子丛林的大象，因此才更贵。我们买下它好吗？”

“当然可以，”教授解释道，“我在船上听说，有时当地人会抓到来自量子丛林的大象。这些大象比其他地区的好得多，而且对我们而言，这种大象还拥有一个更大的优势，那就是它去那片丛林就像回家一样。”

汤普金斯先生全方位打量着这头大象，这是一头非常漂亮的大型动物，但是它的行为和他在动物园里看到的大象没有任何区别。他转向教授：“你说这是一头量子大象，但在我看来，它就是一头普通的大象，没什么特别之处啊，不像用它这个品种的大象象牙做的台球那样。为什么它不会向四面八方弥散呢？”

“你的理解力还真是迟钝，”教授说道，“这是因为它的质量非常大。我之前告诉过你们，位置和速度的不确定性取决于质量，质量越大，不确定性越小。这就是为什么在普通世界中，即使是像尘埃那样轻的物体，也几乎无法观察到量子定律，但对于比尘埃轻数十亿倍的电子来说，量子效应却变得相当明显。”

“现在，在量子丛林中，虽然量子常数相当大，但仍不足以对大象这样的庞然大物产生显著影响。只有通过仔细观察量子大象的轮廓，才能发现其位置的不确定性。你可能已经注意到，它的皮肤表面不是很清晰，似乎有点毛茸茸的感觉。随着时间的推移，这种不确定性会慢慢增加，当地传说来自量子丛林的古老大象拥有长长的皮毛，我想这就是传说的缘由吧。但我预计所有较小的动物都会表现出非常明显的量子效应。”

“这不是很好吗，”汤普金斯先生想，“怪不得这次旅行我们不是骑马。如果是那样的话，我可能永远也不会知道我的马是在我的膝盖之间还是在下一个山谷里。”

教授和理查德爵士带着步枪爬进拴在大象背上的篮子里，汤普金斯先生则以驯象人的新身份，一只手拿着棍子，骑在大象脖子上。他们开始向神秘的丛林走去。

城里的人告诉他们，到那里大约需要一个小时，汤普金斯先生一边努力在大象的两只耳朵之间保持平衡，一边决定利用这段时间从教授那里了解更多关于量子现象的知识。

“能不能请你告诉我，”他转向教授问道，“为什么小质量的物体的量子现象会表现得如此明显？还有你一直说的量子常数，它是什么意思呢？”

“哦，这个不难理解，”教授说道，“在量子世界，你看到的所有物体呈现出的有趣的现象，都是因为你在看着它们。”

“他们这么害羞吗？”汤普金斯先生笑道。

“用‘害羞’一词来形容不太恰当，”教授阴郁地说，“重点是，你在对运动进行任何观察时，必然会干扰这个运动。事实上，只要你学习一些关于物体运动的知识，你就能知道，物体在运动时一定会对你的感官或正在使用的观察装置产生一些作用。由于作用力和反作用力是相等的，我们就可以得出这样的结论：你的感官或观察装置也对运动的物体产生了一定的作用，也可以说是‘破坏’了物体的运动，使物体的位置和速度产生了不确定性。”

“好吧，”汤普金斯先生说道，“在台球室的时候，如果我用手指去碰了那些球，那我肯定是干扰了它的运动。但我只是看着它，这样也会干扰它的运动吗？”

“当然会干扰了。在黑暗中你是看不见球的，但如果你为了看到球而打开灯，这时光线会在球上发生反射，也就是在球上产生了一定的作用——我们称之为“光压力”——从而‘破坏’了球的运动。”

“但假设我使用非常精细和灵敏的仪器，它对运动物体的作用也不能小到忽略不计吗？”

“在量子力学被发现之前，我们的经典物理学正是这样认为的。但到20世纪初，人们清楚地认识到，对任何物体的作用都不能低于一个特定的上限，这个上限被称为量子常数，通常用符号‘h’表示。在平常的世界里，量子效应是非常小的，用常用的单位来表示的话，其值的小数点后有27个零。只有对像电子这样的极轻的粒子来说，量子常数才能彰显其重要性，因为它们的质量非常小，就算是极小的作用力也会对其产生影响。而在我们现在要去的量子丛林中，量子作用非常大。这是一个粗暴的世界，不存在任何温柔的作用。在这样的世界里，如果一个人试图抚摸一只小猫，那么这只小猫要么根本感觉不到，要么它的脖子会被第一个‘爱抚的量子’弄断。”

“原来是这样，”汤普金斯先生若有所思道，“但是当没有人看的时候，这些物体的运动正常吗？我的意思是，它们还会按照我们习惯的思维方式运动吗？”

“没有人看的时候，”教授说道，“没人知道它们是如何运动的，因此你的问题没有物理意义。”

“好吧，好吧。”汤普金斯先生叫道，“对我来说，这简直就是哲学！”

“如果你愿意，你可以称之为哲学。”教授显然被冒犯到了，“但事实上，这是现代物理学的基本原则——永远不要谈论你无法验证的事情。现代物理的所有理论都遵循这一原则，而哲学家们通常忽略了这一点。例如，著名的德国哲学家康德花了很多时间来思考物体的属性，他考虑的不是它们‘在我们看来’的属性，而是其‘自身’的属性。对现代物理学家来说，只有所谓的‘可观测物’（即大体上具有可观察属性）才是有意义的，而整个现代物理学都是基于它们之间的相互关系建立的。那些无法观察到的事物只适合于无用的思考——你在创造它们的时候就没有任何限制，也不可能验证它们是否存在或者利用它们。我应该说……”

就在这时，空中响起一声可怕的咆哮声，他们乘坐的大象猛地跳了一下，汤普金斯先生差点摔下来。与此同时，一大群老虎从四面八方跳出来攻击他们的大象。理查德爵士抓起步枪，对准离他最近的那只老虎的双眼中间扣动了扳机。接着，汤普金斯先生听到他嘟囔了一句猎人们常说的脏话——他向老虎的头部开了一枪，却没有对老虎造成任何伤害。

“再打！”教授喊道，“分散你的火力，不要介意是不是瞄准了！其实只有一只老虎，但它分布在大象的周围，我们唯一的希望就是提高汉密尔顿。”

教授抓起另一支步枪，射击的轰鸣声和量子老虎的吼叫声混在了一起。汤普金斯先生感觉过了很长时间一切才结束。一颗子弹“正中靶心”，使他大为吃惊的是，老虎突然变成了一只，被狠狠地甩了出去，它的尸体在空中划出一道弧线，然后落在远处的棕榈树林中。

“谁是汉密尔顿？”平静下来后，汤普金斯先生问，“他是某个你想从坟墓里挖出来帮助我们的著名猎人吗？”

“哦！”教授说道，“我很抱歉。刚才那场大战令我太兴奋了，我都开始使用你无法理解的科学语言了！汉密尔顿是描述两个物体之间量子相互作用的数学表达式。它是以第一位使用这种数学形式的爱尔兰数学家汉密尔顿的名字命名的。我只是想说，通过发射更多的量子子弹，就可以提高子弹和老虎身体之间相互作用的概率。你看，在量子世界里，一个人不可能精确瞄准目标并确保命中。由于子弹和目标本身都会扩散，所以命中的概率总是有限的。刚才，在真正击中老虎之前，我们至少发射了30发子弹，那颗打在老虎身上的子弹产生的作用非常猛烈，把老虎的身体甩到了很远的地方。同样的事情在我们生活的世界也发生着，只是程度要轻得多。正如我已经提到过的，在现实世界中，人们必须研究像电子这样的小粒子的行为才能观察到量子现象。你可能听说过，每个原子都由一个相对较重的原子核和一些围绕原子核旋转的电子组成。起初，人们普遍认为电子绕原子核的运动与行星绕太阳的运动类似，但更深入的分析表明，对于像原子这样的一个微型系统来说，传统运动的概念过于粗糙。在原子内部起重要作用的作用力与基本的量子作用具有相同的数量级，因此整个画面在很大程度上是分散的。电子绕原子核的运动在很大程度上类似于老虎的运动，它似乎包围了大象。”

“有没有什么东西像我们射击老虎一样射击电子？”汤普金斯先生问道。

“哦，当然有。有时，原子核本身会发出能量很高的光量子或者说光的基本作用单位。你也可以在原子外部发射一束光照亮电子。那里发生的一切就像刚才的老虎一样：许多光量子穿过电子所在的位置而不对电子产生影响，直到其中一个对电子产生作用，将它击出原子。量子系统是不会受到轻微的影响的，它要么完全不受影响，要么受到很大影响并发生很大变化。”

汤普金斯先生总结道：“就像那只可怜的小猫一样，在量子世界里，只要被爱抚，就会被杀死。”

“看！是瞪羚，那么多瞪羚！”理查德爵士举起他的步枪喊道。有一大群瞪羚正从竹林里跑出来。

“真是训练有素的瞪羚，”汤普金斯先生想着，“他们像阅兵式上的士兵一样整齐地列队行进。我很好奇这是不是也是某种量子效应。”

一大群毛茸茸的老虎正在攻击他们乘坐的大象

一群瞪羚正快速接近他们的大象。理查德爵士已经准备好开枪了，这时，教授拦住了他。

理查德爵士正准备开枪时，教授拦住了他

“别浪费你的子弹，”他说，“当一只动物以衍射模式运动时，击中它的可能性非常小。”

“你说‘一只’动物是什么意思？”理查德爵士喊道。“明明至少有几十只！”

“哦，不是的！只有一只小羚羊。它因为受惊了，才从竹林中跑出来。现在它像光一样呈现‘弥散’状态——当其穿过一系列有规律的孔洞，例如竹竿之间的缝隙时，就会展现出你们可能在学校里听到过的衍射现象。因此，我们谈论的是物质的波动特性。”

但是无论是理查德爵士还是汤普金斯先生，都无法理解“衍射”这个神秘的单词到底是什么意思，谈话就此结束。

我们的旅行者们在量子大陆上行进着，又遇到了许多有趣的现象，比如量子蚊子，由于体积小，根本无法判断它的位置；还有一些非常滑稽的量子猴子。现在他们正在走向一个看起来酷似当地村庄的地方。

教授说：“我不知道这个地区还有人居住。从喧闹声来看，我猜他们在举行某种节日活动。听听这连绵不断的铃铛声。”

那些土著人正围着一大团篝火跳着狂野的舞蹈，但是很难分辨出他们每个人的身影。人群中不断有人伸出棕色的手臂，并摇响挂在手臂上的大小各异的铃铛。当他们走近时，所有的东西，包括小屋和周围的大树都弥散开来，铃铛声在汤普金斯先生听来变得难以忍受。他伸出手，抓住了什么东西，然后一把扔掉。闹钟撞倒了他床头柜上的水杯，冰冷的水使他清醒过来。他跳起来，迅速穿好衣服。他必须在半小时内到达银行，不然就要迟到了。

麦克斯韦妖

在历时几个月的不寻常冒险中，教授试图向汤普金斯先生介绍物理学的秘密。汤普金斯先生对莫德越来越着迷，最后有点胆怯地向她求婚了。莫德欣然同意，于是他们结为夫妻。教授有了岳父这个新角色，认为自己有责任扩展女儿的丈夫在物理学及其最新进展方面的知识。

一个星期天的下午，在汤普金斯夫妇的公寓里，他们坐在舒适的扶手椅上休息：她正在看最新一期的《联盟》杂志，而他正在读《时尚先生》杂志上的一篇文章。

“哦！”汤普金斯先生突然叫了起来，“这真是一个稳赚不赔的赌术！”

“你真的认为有这样的赌术吗？”莫德问，她不情愿地抬起头，眼睛离开杂志。“爸爸总说世上不可能有稳赚不赔的赌术。”

“可是莫德，你看这儿。”汤普金斯先生一边回答着，一边给她看他已经研究了半个小时的文章，“我不知道其他的赌术，但这个赌术纯粹基于简单的数学，我真的看不出它会出错。你所要做的就是在纸上写下三个数字1、2、3，并且遵循这里给出的一些简单规则去做就行了。”

“好吧，那我们就来试试吧。”莫德说，她开始感兴趣了，“都有什么规则？”

“了解一下文章中给出的例子，可能是弄明白这些规则的最好方法。文章中用了一个轮盘游戏来举例，你把钱放在红色区域或黑色区域，这就像在抛硬币时猜正反面一样。我写下：

1，2，3，

而规则是，我的赌注必须是这个系列中头尾数字的和。我用1+3，也就是4个筹码，把它们压在红色区域。如果我赢了，我就划掉数字1和3，我下一次的赌注将是剩下的数字2；如果我输了，就要把输掉的筹码加到这个数列的末尾，然后用同样的规则确定下一次的赌注。假设球停在黑色区域，荷官把我的4个筹码都收走了，则新的数列为：

1，2，3，4，

我下一次赌注是1加4，即5个筹码。假设我再输一次，按照文章里说的我必须以同样的方式继续下去，在数列的最后加上5，并且押上6个筹码。”

“但你这次必须得赢！”莫德喊道，她变得很兴奋，“你不能一直输下去。”

“不一定，”汤普金斯先生说，“当我还是个孩子的时候，我经常和朋友们猜硬币，信不信由你，有一次我看到硬币连续10次都是正面。但让我们假设，就像文章所说的那样，这次我赢了，我就可以得到12个筹码，但与我原来的赌本相比，我还亏了3个筹码。按照这个规则，我必须划掉数字1和5，现在我的数列是这样的：

~~1~~，2，3，4，~~5~~，

下一次我的赌注一定是2加4，还是6个筹码。”

“这里说你又输了。”莫德叹了口气，从她丈夫的肩上看过去，“这意味着下次你得在这个数列后面加上6，然后再赌上8个筹码。是这样吗？”

“是的，没错，但我又输了。现在我的数列是：

~~1~~，2，3，4，~~5~~，6，8，

这次我的赌注是10个筹码。我赢了，那我就划掉数字2和8，下一次的赌注就是3加6，即9个筹码。但是我又输了。”

但你这次必须赢！

“这不是一个好例子。”莫德噘着嘴说，“到目前为止，你已经输了三次，只赢了一次。这不公平！”

“没关系，没关系，”汤普金斯先生像魔术师一样信心十足地说，“在这个周期的最后我们会赢的。上次我输了9个筹码，所以我要把这个数字加到这个数列中，使它变成：

~~1~~，~~2~~，3，4，~~5~~，6，~~8~~，9，

我再押上12个筹码。这次我赢了，所以我划掉了数字3和9，然后押上剩下的两个数字的和，也就是10个筹码。连赢两次就完成了一个回合，因为所有的数字都被划掉了。而我赚了6个筹码，尽管我只赢了4次，输了5次！”

“你确定你赚了6个筹码？”莫德质疑道。

“当然。你看，游戏规则就是这样的，每当循环完成，你总会赢6个筹码。你可以用简单的四则运算来验证，这就是为什么我说这套规则是数学的，而且不可能输。如果你不相信，拿张纸自己检验一下。”

“好吧。我相信你的话，就是这样的。”莫德若有所思地说，“不过，只赢6个筹码也不是很多。”

“是的，但是你能确保在每个周期结束时都能赢，你就可以一遍又一遍地重复这个过程，每次都从1、2、3开始，想赚多少就赚多少。那不就有很大一笔钱了吗？”

“棒极了！”莫德叫道，“那你就不用去银行上班了，我

们可以搬到更好的房子里去。我今天在商店橱窗里看到一件漂亮的貂皮大衣，价格只有……”

“我们当然会买下它，但首先，我们最好尽快赶到蒙特卡洛。肯定有很多人读过这篇文章，如果我们到了那里却发现有人比我们抢先一步把赌场弄破产了，那就太糟糕了。”

“我会打电话给航空公司，”莫德建议说，“看看下一班飞机什么时候起飞。”

“为什么这么匆忙？”门厅里一个熟悉的声音说。

莫德的父亲走进房间，惊讶地看着这对兴奋的夫妇。

“我们要乘最近的一班飞机去蒙特卡洛，等我们回来时就会非常富有了。”汤普金斯先生说着，站起来迎接这位教授。

“哦，我明白了，”教授笑了笑，舒服地坐在壁炉旁边的一把老式扶手椅上，“你们又有新的赌术了？”

“但这次是真的，爸爸！”莫德抗议道，她的手仍然握着电话。

“是的。”汤普金斯先生补充道，并把杂志递给教授，“这是不能错过的。”

“不能错过吗？”教授微笑着说，“嗯，让我们看看。”他把那篇文章看了一下，接着说，“这个规则的显著特点，是会控制你的投注金额。它要求你在每次输了之后提高投注金额，而在每次赢了之后降低投注金额。因此，如果你交替地、有规律地输赢，你的资金就会上下波动，但是每次增加的筹码都会比上次减少的筹码稍微多一些。在这种情况下，你当然会很快成为百万富翁。

“但是，毫无疑问，你知道的，这种规律性通常是不会发生的。事实上，出现这种有规律的交替序列的概率与连续获胜的概率一样小。所以我们必须看看如果你连续几次赢或输会发生什么。如果你拥有了赌徒们所说的好运气，规则会强制要求你在每次赢了之后降低赌注，或者至少不提高赌注，所以你赢到的总金额也不会很高。另一方面，由于你必须在每次输钱后提高赌注，坏运气会带来更大的灾难，可能会让你倾家荡产。

“你现在可以看到，代表你资金变化的曲线有几个缓慢上升的部分，但中间穿插着急剧下降的部分。在游戏开始的时候，你的资金很可能会沿着一条漫长的曲线缓慢上升，并且会持续一段时间，你会享受你的钱缓慢但稳定增长的愉快感觉。然而，只要你玩的时间足够长，希望获得越来越多的利润，就会意外地遇到急剧下跌，这可能会让你失去你最后一分钱。我们可以用一种很普遍的方式来证明。在这个赌法或其他赌法中，你的资金曲线翻倍的概率与降到零的概率是一样的。换句话说，你最终获胜的概率正好等于你一次性把所有的钱都押在红色区域或黑色区域，然后你的资金一下子翻倍或者一次性输光。这些赌法所能做的就是延长游戏时间，让你拿着钱得到更多的乐趣。

“但如果这就是你想要的，就不用把它弄得这么复杂。一个轮盘上有36个数字，你可以每次都押35个数字剩下一个不押。这样你赢的概率是35/36，荷官会付给你36个筹码，比你下注的35个筹码多1个。然而，大约每旋转36次，球就会落在你没有选择的那个数字上，这一次你将失去所有的35个筹码。如果你玩的时间足够长，那么你的资金曲线的波动就会和这本杂志上介绍的赌法所得到的曲线的波动完全一样。

“当然，我假设的前提是赌场没有通吃这一项。事实上，我所见过的每一个轮盘都有零这一格，很多甚至有两个零格，这就增加了玩家输钱的概率。因此，不管玩家使用的是哪种赌术，他们的钱都会逐渐从他们的口袋流向经营者的口袋。”

“你的意思是说，”汤普金斯先生沮丧地说，“不存在什么稳赢的赌术，也不可能在不冒更高输钱风险的情况下赢钱，是这样吗？”

“正是如此，”教授说道，“更重要的是，我所说的不仅适用于赌博这种相对不重要的问题，而且适用于各种各样的物理现象，虽然这些现象乍一看似乎与概率法则毫无关系。就这一点而言，如果你能设计出一套击败概率法则的规则，那么你就能做很多比赢钱更令人兴奋的事情，比如制造不需要汽油的汽车，建立不需要煤也能运作的工厂，以及许多其他神奇的东西。”

“我好像在哪儿读到过一些关于这种假想机器的文章——永动机，我没有记错，它们被称作永动机。”汤普金斯先生说道，“如果我没记错的话，想要在没有燃料的情况下运行机器是不可能的，因为一个人不能凭空制造能量。但无论如何，这种机器与赌博没有关系。”

“你说得很对，小子，”教授表示同意，很高兴他的女婿至少懂点物理学，“这种永动机，即所谓的‘第一类永动机’是不存在的，因为它违反了能量守恒定律。然而，我心目中的省油机器是一种不同类型的机器，通常被称为‘第二类永动机’。人们设计它们的目的不是想凭空创造能量，而是想从周围的土地、海洋或空气中提取能量。例如，你可以想象一艘蒸汽船，它的锅炉里的蒸汽不是通过燃烧煤炭产生的，而是通过从周围的水中提取热量产生的。事实上，如果能迫使热量从低温物体流向高温物体，而不是反过来，人们就可以建造一个系统，把海水抽进来，提取其中的热量，再把失去热量的冰块扔回海里。当1加仑[①]冷水结冰时，其释放出的热量足以使另1加仑冷水几乎达到沸点。只需要每分钟提取几加仑海水的热量，人们便可以轻而易举地收集到足够的热量来驱动一个大型引擎。

① 1加仑约为3.785升。

就所有实际用途而言，第二类永动机和第一类凭空创造能量的永动机一样好。如果真的能用这样的机器工作的话，那世界上的每个人都可以拥有稳赢不输的赌术，过上无忧无虑的生活。不幸的是，这同样是不可能的，因为它也以同样的方式违反了概率定律。”

“我承认，从海水中提取热量来让船上的锅炉产生蒸汽是一个疯狂的想法，”汤普金斯先生说，“然而，我看不出这个问题和概率法则之间有任何联系。当然，你不是建议把骰子和轮盘赌的轮子用作这些省油机器的运行部件吧？还是你确实是这个意思？”

“当然不是！”教授笑了，“至少我相信，即使是最疯狂的永动机发明者，也不会提出这样的建议。关键在于，热过程本身与骰子游戏在本质上非常相似，希望热量从较冷的物体传递至较热的物体，就像希望钱从赌场的钱柜流到你的口袋里一样。”

“你是说赌场的钱柜冷，我的口袋热？”汤普金斯先生问道，此刻的他已经完全糊涂了。

“在某种程度上是的。”教授回答，“如果上周你没有错过我的讲座，你就会知道，热不过是无数被称为原子和分子的粒子的快速不规则运动，所有的物质实体都是由这些粒子构成的。分子运动越剧烈，在我们看来物体的温度就越高。这个分子运动是无规则的，遵循概率法则，不难证明，由大量粒子组成的系统最可能的状态相当于总能量在所有粒子之间几乎均匀分布的状态。”

“如果加热物体的一部分，那么这个区域的分子运动将开始变快，可以预测，通过大量的意外碰撞，这些多余的能量将很快分给其他剩余的粒子。然而，由于这些碰撞是偶然的，因此也存在这样一种可能性：某一组粒子可能以牺牲其他粒子的能量为代价，收集到大部分可用能量。原则上不排除在物体的某一特定部分自发集中的热能与温度阶梯对应的热量逆向流动的可能。但是，如果试图计算这种自发热集中发生的相对概率，得到的数值太小，以致这种现象被认为是不可能发生的。”

“哦，我现在明白了，”汤普金斯先生说，“你的意思是说，第二类永动机可能偶尔会工作，但发生这种情况的概率很小，就像在掷骰子游戏中连续扔100次‘7’一样。”

“比那个概率还要小得多，”教授说道，“事实上，与大自然赌博赌赢的可能性是如此之小，以至于很难用语言来描述。例如，我可以计算这个房间里所有空气都自发聚集在桌子底下，而其他地方绝对真空的概率。我们假设你一次掷出的骰子的数量等于房间里空气分子的数量，所以我必须知道有多少空气分子。我记得在大气压下，1立方厘米的空气含有的分子数量是一个20位数，所以整个房间里的空气分子总数应该是一个27位数。桌子下面的空间大约是房间体积的1%，因此，任何一个给定的分子在桌子下面而不在其他地方的概率也是1%。所以，要算出所有分子同时在桌子底下的概率，我必须用1%乘以1%，再乘以1%，这样一直乘下去，直到乘完房间里的每个分子。我的结果是一个小数点后面有54个零的小数。”

“唉……”汤普金斯先生叹了口气，“我当然不会把赌注押在这样的概率上！但这岂不是意味着偏离平均分布是根本不可能的吗？”

“是的，”教授表示同意，“你可以相信我们不会因为所有的空气都在桌子底下而窒息，也正因如此，液体在你的高脚杯中不会自己开始沸腾。但是如果你考虑的是包含着更小数目分子的更小区域，那偏离统计分布的可能性就大得多了。例如，就在这个房间里，空气分子习惯在某些点上聚集得更多一些，造成暂时的不均匀，这被称为密度的统计波动。当太阳光线穿过地球大气层时，这种不均匀导致光谱中的蓝色光线发生散射，从而使天空呈现出我们所熟悉的颜色。如果密度的统计波动不存在，那么天空将永远漆黑一片，就算是白天星星也会清晰可见。液体在接近沸点时会呈现乳白色，这也可以用分子运动的不规则性所产生的密度波动来解释。但大范围内发生这样的波动的概率是极其低的，在数十亿年的时间里我们都不一定能看到一次。”

“但现在，就在这个房间里，仍有可能发生这种概率极低的现象，”汤普金斯先生坚称，“不是吗？”

“没错，当然有可能，而且坚称一碗汤一定不会洒到桌布上也是不合理的，因为汤中一半的分子有可能偶然获得相同方向的热速度，于是自动泼在了桌布上。”

“这样的事昨天才发生过。”莫德插话说，她读完了杂志，对这件事很感兴趣，“汤洒了出来，可女仆说她甚至都没有碰桌子。”

教授笑了。“在这种特殊情况下，”他说，“我觉得该负责任的应该是那个女仆，而不是麦克斯韦妖。”

“麦克斯韦妖？”汤普金斯先生吃惊地重复道，“我以为科学家是最不可能理解‘妖’这一类概念的人。”

“嗯，我们不太把这当回事。”教授说，“著名物理学家克拉克·麦克斯韦简单地把‘一只统计学的妖怪’作为一种修辞手法，引入了这个概念。他用这个概念来说明热现象。麦克斯韦妖是一个行动相当快的家伙，他能够以你规定的任何方式改变每个分子的运动方向。如果真的有这样一个妖怪，热量就有可能逆着温度流动，那么热力学的基本定律——熵增定律——就一文不值了。”

“熵？”汤普金斯先生重复道，“我之前听说过这个词。

有一次我的一个同事举办了一次聚会，他邀请的几个化学专业的学生喝了几杯酒后开始唱歌——

增加，减少，

减少，又增加，

我们到底在乎什么呢，

在乎熵做了什么吗？

他们用的曲调是《啊，亲爱的奥古斯丁》。所以，熵到底是什么？”

“这个不难解释。‘熵’是一个简单的术语，用来描述任何给定的物体或物理系统中分子运动的无序程度。分子间的大量不规则碰撞往往会增加熵，因为绝对无序是任何统计系统最可能出现的状态。然而，如果麦克斯韦妖能够发挥作用，他很快就会使分子的运动遵循某种秩序，就像一只能干的牧羊犬围拢并控制一群羊那样，这时，熵就会开始减少。我还应该给你讲讲，根据路德维希·玻尔兹曼引入的所谓H定理科学……”

显然，教授忘记了他是在跟一个对物理学一无所知，不是大学生的人说话，所以他一直喋喋不休，并且使用了“广义参数”“准遍历系统”等怪异的术语，一心要把热力学基本定律及其与吉布斯统计力学的关系讲得一清二楚。汤普金斯先生习惯了他岳父的高谈阔论，所以他很从容地呷着他的威士忌苏打水，尽量装出一副听懂了的样子。但所有这些统计物理学的精华对蜷缩在椅子上、努力睁开眼睛的莫德来说，实在是太难了。为了消除睡意，她决定去看看晚饭准备得怎么样了。

“夫人想要什么吗？”一个身材高大、穿着考究的男管家在她走进餐厅时鞠躬问道。

“没什么，你继续工作吧。”她说，心里纳闷他究竟从哪儿冒出来的。太奇怪了，因为他们从来没有雇过男管家，当然也雇不起。那人又高又瘦，橄榄色的皮肤，又长又尖的鼻子，一双绿色的眼睛中燃烧着一种奇怪而强烈的光芒。当莫德注意到他额头上方的黑发中有两个对称的肿块时，不由得后背发凉。

“要么是我在做梦，”她想，“要么就是梅菲斯特费勒斯本人直接从大剧院里跑出来了。”

“是我丈夫雇用了你吗？”她大声问，想找点儿什么说。

“不完全是，”陌生的管家边回答边在餐桌上做了最后的艺术点缀，“事实上，我来这里是为了向你父亲证明，我并不是他所认为的传说中的人物。请允许我自我介绍一下，我就是麦克斯韦妖。”

“噢！”莫德如释重负地说，“那你应该不像其他妖怪那样邪恶，也无意伤害任何人。”

“当然不会。”妖怪笑着说，“但是我喜欢恶作剧，我现在就要捉弄一下你父亲。”

“你打算做什么？”莫德问，仍然不太放心。

“只是告诉他，如果我愿意，熵增定律是可以被打破的。为了让你相信我可以做到，冒昧地请你跟我走一趟。我向你保证，不会有一点危险。”

听到这些话，莫德感到妖怪的手紧紧抓住了她的胳膊肘，她周围的一切突然变得疯狂起来。饭厅里所有她熟悉的东西都开始以惊人的速度变大，她最后看到的是那张覆盖了整个地平线的椅子的椅背。当一切终于平静下来时，她发现自己被那个妖怪扶着，飘浮在空中。网球大小的雾蒙蒙的球体在他们四周嗖嗖地乱飞，但麦克斯韦妖巧妙地躲开了它们，确保他们不会与任何看上去危险的东西相撞。

莫德往下一看，看到一个像渔船一样的东西，船上堆满了颤动着的闪闪发光的鱼。然而，那不是鱼，而是无数个雾蒙蒙的球，与在空中飞过的那些球一样。麦克斯韦妖领着她走得更近了，她被这些运动的小球包围着，仿佛置身于一团粗粒稀粥似的海洋。有的球在表面沸腾，有的似乎被吸了下去。偶尔会有一个球速度飞快地冲出表面，飞向太空，或者有一个原本飞在空中的球跳进稀粥里，消失在成千上万个球中。莫德更仔细地看了看，发现这里实际上有两种不同的球。如果说大部分看起来像网球，那么少部分更大更长的球则更像美国的橄榄球。

所有的球都是半透明的，莫德看不清它们复杂的内部结构。

“我们在哪儿？”莫德喘着粗气问，“这就是地狱的样子吗？”

“不，”麦克斯韦妖笑了，“没有比这里更让人不可思议的地方了。我们只是在近距离观察高脚杯中的威士忌表面的一小部分，就是它让你的丈夫在你父亲阐述准遍历系统时保持清醒的。这些球都是分子，较小的圆的是水分子，较大的长一些的是乙醇分子，如果你能够算出他们之间的数量比，你就可以知道你丈夫给自己倒的酒有多烈。”

“太有趣了，”莫德尽可能严厉地说，“但是那边在水中嬉戏的看起来像两只鲸鱼的是什么东西？不会是原子鲸鱼吧？”

这就是地狱的样子吗？

麦克斯韦妖看向莫德所指的地方。“不，它们算不上鲸鱼。”他说，“事实上，它们是一些烧焦的大麦碎片，正是这种成分赋予了威士忌独特的风味和颜色。每块碎片都由数以百万计的复杂有机分子组成，所以相对来说又大又重。你可以看到它们四处弹跳，因为它们受到了因热运动而变得活跃的水和酒精分子的冲击。这些中等大小的粒子小到足以受到分子运动的影响，同时又大到可以通过高倍显微镜进行观察。正是对这种中等大小粒子的研究，给了科学家们热运动理论的最直接证据。这些微小粒子在液体中像跳塔兰泰拉舞曲一样翻腾——通常被称为布朗运动——通过测量它们运动的强度，物理学家能够得到关于分子运动能量的直接信息。”

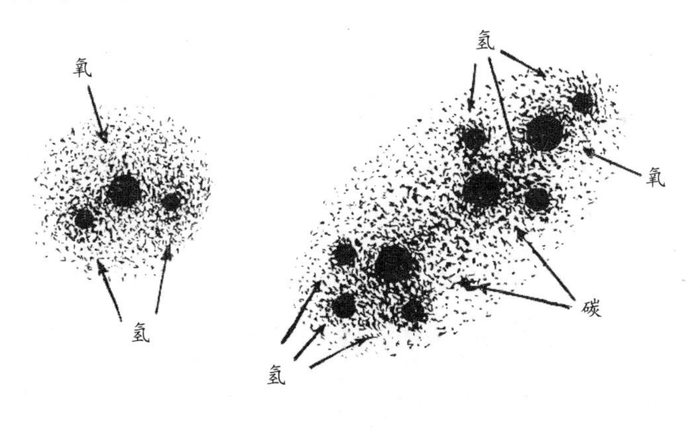

威士忌中的分子

麦克斯韦妖又带着莫德在空中穿梭，直到他们来到一面巨大的墙跟前，这面墙由无数水分子组成，数不清的水分子像砖块一样整齐地排列在一起。

“多么令人激动！”莫德喊道，“这就是我在画肖像画时一直在寻找的背景。不过这个漂亮的建筑到底是什么？”

“这只是冰晶的一部分，就是你丈夫杯子里冰块中的一部分。”麦克斯韦妖说，“如果你不介意的话，现在我要开始捉弄那位自信的老教授了。”

说着，麦克斯韦妖把莫德留在冰晶的边缘，接着便开始工作了。他拿着一个像网球拍一样的工具，拍打着周围的分子。他到处乱窜，总能及时打中那些坚持朝错误的方向运动的顽固分子。尽管处境危险，莫德还是忍不住称赞他的速度和准确性，每当他成功地将一个速度很快的很难击中的分子拦截回去时，她就会兴奋地欢呼。与她亲眼看见的这场表演相比，她以前见过的那些网球冠军的表现简直无可救药。

几分钟后，麦克斯韦妖的工作成果就很明显了。现在，虽然液体表面被一些运动缓慢、不活跃的分子覆盖着，但她脚下的那一部分却比以前翻腾得更加剧烈了。蒸发过程中从液体表面逸出的分子数量迅速增加，成千上万的分子正成群结队地逃离，形成巨大的气泡撕开液体表面。接着，一团蒸汽覆盖了莫德的整个视野，在一大堆疯狂的分子中，她只能偶尔瞥见挥舞的球拍或麦克斯韦妖礼服的燕尾。最后，她坐着的那块冰晶的分子也坍塌了，她掉进了下面厚厚的蒸汽云中……

雾气散去后，莫德发现自己又坐在了餐厅里她之前坐着的那把椅子上。

“神圣的熵啊！”她父亲困惑地盯着汤普金斯先生的酒 杯喊道，“沸腾了！”

杯子里的液体被猛烈爆出的气泡遮住了，一层薄薄的蒸汽云正慢慢地向天花板上升。然而，特别奇怪的是，杯中的液体只有冰块周围相对较小的区域沸腾了，其余部分还是冰的。

“好好思考一下吧！”教授用敬畏的、颤抖的声音继续说。“这就是我刚才告诉你们的熵变法则的统计波动，而且现在我们看到了一个特例！这真是不可思议！这可能是地球形成以来的第一次，那些运动较快的分子意外地聚集在液体表面的一小块区域，然后自己沸腾了！”

神奇的熵变！竟然沸腾了！

“在未来的数十亿年里，我们可能仍是唯一有机会观察到这一非凡现象的人。”他看着酒慢慢地冷却下来，“真是太幸运了！”他高兴地大口呼吸。

莫德笑了笑，什么也没说。她不想和父亲争论，但这一次她确信自己比他懂得多。

快乐电子族

几天后的一天，吃完晚饭后，汤普金斯先生想起他答应今晚要去听教授关于原子结构的讲座。但他实在受够了岳父没完没了的演讲，于是决定把这次演讲忘掉，在家里舒舒服服地过一个晚上。然而，就在他拿起一本书准备放松的时候，莫德堵住了他想要逃学的路，她看了看时间，然后温和而坚定地说，他差不多该出发了。于是，半小时后，汤普金斯先生和一群求知若渴的年轻学生一起坐在了大学礼堂的一张硬木凳上。

"女士们、先生们，"教授透过眼镜严肃地看着他们，开始说，"在上一场讲座中，我承诺给你们讲更多关于原子内部结构的细节，并且解释一下这种结构的特征是如何影响它的物理和化学性质的。当然，你们知道，原子已经不再被认为是物质不可分割的基本单元，这个角色现在已经由更小的粒子扮演，比如电子、质子等等。

"物质的基本组成粒子，代表着物质可分割性的最后一步，这个观点可以追溯到公元前4世纪的古希腊哲学家德谟克利特。德谟克利特在思考物质隐藏的本质时，提出了物质结构的问题，并开始思考：物质是否存在无限小的单元？因为在当时，除了单纯思考以外，人们还不习惯用别的方法来解决任何问题，也就是说，无论如何，这个问题在当时都是无法用实验方法解决的，于是德谟克利特只能在自己的思想深处寻找正确的答案。基于一些模糊的哲学考量，最终，他得出了这样的结论：物质可以被无限制地分割成越来越小的部分，这是‘不可想象的’，因此，人们必须假设有‘不能再分割的最小粒子’存在。他称这种粒子为原子，你们可能知道，在希腊语中，原子的意思是‘不可分割的’。

“我不想贬低德谟克利特对自然科学的进步作出的巨大贡献，但除了德谟克利特和他的追随者以外，毫无疑问还有另一个希腊哲学流派，该流派的信徒认为，物质可以无限制地被分割。二者都值得我们铭记于心。因此，不管将来精密科学会给出什么样的答案，古希腊哲学在物理学史上都有崇高的地位。在德谟克利特时期以及之后的几个世纪里，这种不可分割的物质的存在纯粹是一种哲学假设，直到19世纪，科学家们才终于找到了两千多年前古希腊哲学家所预言的这种不可分割的物质基础。

“事实上，英国化学家约翰·道尔顿在1808年就已指出，相对比例……”

几乎从讲座一开始，汤普金斯先生就有一种想闭上眼睛的无法抗拒的冲动，并想把整场讲座都睡过去，只是由于大学礼堂长凳的硬度他才没有安然入睡。然而，道尔顿关于“相对比例”的观点成了压倒骆驼的最后一根稻草，安静的礼堂里很快就响起了从汤普金斯先生坐着的角落里传来的轻微鼾声。

当汤普金斯先生睡着的时候，这张坚硬的长凳带来的不适感似乎消失了，取而代之的是飘浮在空中的快感。他睁开眼睛，惊奇地发现自己正在以他认为相当鲁莽的速度在太空中飞驰。

他环顾四周，发现在这次奇妙的旅行中，他并不孤单。在他附近，有一群模糊不清的人形物体围绕着人群中间一个巨大的、沉重的物体盘旋。这些奇怪的人形物体成双成对地沿着圆形或椭圆形的轨道欢快地互相追逐。突然间，汤普金斯先生感到非常孤独，因为他意识到他是唯一一个没有玩伴的人。

“我为什么不带莫德一起来呢？”汤普金斯先生沮丧地想，“我们本可以和这些幸福快乐的人一起度过一段美好的时光。”他的移动轨道在其他所有的轨道之外，虽然他非常想加入他们的行列，但他觉得自己格格不入，这种不自在的感觉让他不敢加入。然而，当其中的一个电子（此时汤普金斯先生意识到他已经奇迹般地进入了一个原子的电子层世界）沿着它的加长轨道从他身边经过时，他决定向它抱怨一下自己的处境。

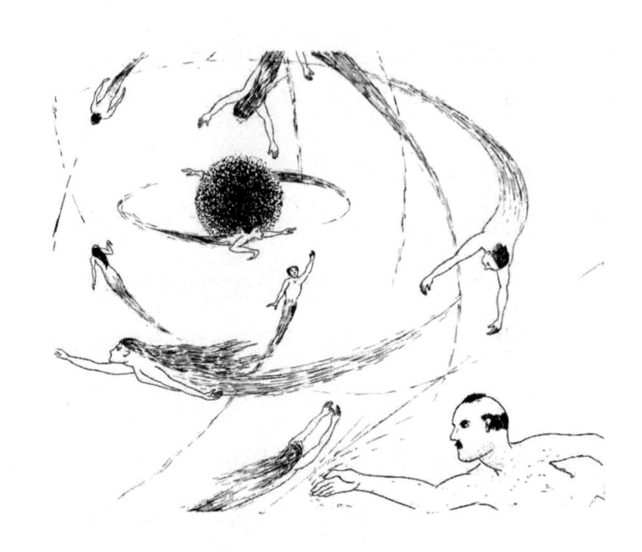

汤普金斯先生非常想加入他们

“为什么没人陪我玩？”他喊道。

“因为这是一个奇数原子，而你是价电子——”那个电子一边说，一边转身冲回跳舞的人群中。

“价电子要么单独存在，要么去其他原子中找同伴，”另一个电子从他身边掠过时高声叫道，“如果你觉得找个同伴才公平的话，就跳到氯原子里去找一个。”

另外一个电子嘲讽地吟唱道：“我的孩子，我看你在这儿人生地不熟，非常孤独。”他上方响起一个友好的声音。汤普金斯先生抬起头，看到了一个身材高大、穿着褐色长袍的神父。

“我是泡利神父，”神父一边和汤普金斯先生一起沿着轨道走着，一边继续说，“我一生的使命就是监视原子内部和其他地方的电子的品德和社交生活。我的职责是管理这些天生顽皮的电子，让它们合理地分布在由我们伟大的建筑师尼尔斯·玻尔建立的美丽原子结构的不同的量子单元中。为了维护秩序，保持礼节，我从来不允许两个以上的电子走在同一条轨道上。你知道的，三角关系总会带来很多麻烦。因此，‘自旋’方向相反的两个电子才可以组成一对，如果某个量子单元已经被一对电子占据，则不允许其他的电子再闯入。这是一条很好的规则，而且到目前为止，还没有一个电子违背过我的命令。”

“也许这确实是一个好规则，”汤普金斯先生提出反对意见，“但对现在的我来说，太不方便了。”

我是泡利神父

“我明白。”神父笑了笑，“但这只是你的运气不好，成了一个奇数原子中的价电子。你所属的钠原子的原子核——就是你看到的那团位于中心的巨大的黑色物质——的电荷可以容纳11个电子。不幸的是，11是个奇数。你肯定知道，所有的数字中一半是奇数，一半是偶数，这样一想的话你现在的情况也不算不同寻常。只是，作为后来者，你至少需要独处一段时间。”

“你的意思是说我以后还有机会融入他们？”汤普金斯先生急切地问，“比方说，把一个老家伙赶出去？”

“这就不好说了。”神父对他晃动着胖乎乎的手指说，“不过，终归是有机会的，一些里层靠近原子核的电子也有可能因为外部的干扰而被赶出去，从而空出一个位子。不过，如果我是你，我不会对此抱希望。”

“他们告诉我去氯原子里会更容易找到伴儿。”汤普金斯先生说，泡利神父的话让他泄气了。“你能告诉我该怎么做吗？”

“年轻人啊，年轻人！”神父悲伤地说，“你为什么这么坚持要找个伴儿？你为什么不能享受孤独，感谢这个天赐的机会让你可以安静地直视你的灵魂？为什么连电子也向往世俗的生活呢？但是，如果你坚持要找个伴儿，我会帮你实现愿望。你看我指的地方，一个氯原子正向我们靠近，即使这么远的距离，你也能看到它有一个空位，在那里你肯定会受欢迎。空位位于电子的外层，就是所谓的‘*M*层’，它应该由8个电子组成，共4对。但是，正如你所看到的，有4个电子朝一个方向旋转，而朝另一个方向旋转的只有3个电子，还有一个位置是空的。内层，即所谓的‘*K*层’和‘*L*层’，已经被填满了，所以原子会很高兴可以填满外层的。等到两个原子靠得很近时，你就像价电子通常做的那样跳过去。愿安宁与你同在，我的孩子！”说完这些话，电子神父那令人印象深刻的样子突然消失了。

汤普金斯先生备受鼓舞，他鼓足了劲儿，拼尽全力跃入正飞驰而过的氯原子的轨道。令他吃惊的是，他很轻松就跳了过去，并发现自己已经置身于氯原子*M*层舒适惬意的环境中了。

“你能加入我们真是太好了！”与他反向旋转的新搭档优雅地在跑道上滑行，“现在没有人能说我们的电子层是不完整的了。我们可以一起玩了！”

汤普金斯先生也认为这真的很有趣，而且是非常非常有趣，但有一个小小的担忧在他的脑海里挥之不去。“当我再次见到莫德时，我该如何向她解释呢？”他有点内疚地想，但这种内疚并没持续多久，“她当然不会介意了，”他断定，“毕竟，这些只是电子罢了。”

“你离开的那个原子为什么还不走开？”他的同伴噘着嘴

问，“它还希望你回去吗？”

事实上，失去了价电子的钠原子紧紧地贴在氯原子上，仿佛希望汤普金斯先生改变主意，跳回他那孤独的轨道上去。

“真是岂有此理！”汤普金斯先生皱着眉头，看着一开始对他非常冷淡的原子生气地说，“你这个占着茅坑不拉屎的家伙！”

“哦，他们总是这样做，”*M*层一个更有经验的成员说。“我的理解是，与其说是钠原子的电子层想让你回去，不如说是钠原子核本身想让你回去。中央的原子核和它的电子护卫之间几乎都有分歧：原子核希望它周围有尽可能多的电子，而电子本身却觉得只要有足够的数量来使壳层完整就够了。只有少数几种原子，即所谓的稀有气体——德国化学家所称的惰性气体——起主导作用的原子核与从属电子之间的愿望是一致的。例如，氦、氖、氩等原子对自己很满意，既不排斥它本身的电子，也不邀请新的电子。从化学角度来讲，它们是不活泼的，也因此总是与其他原子保持距离。

“但在所有其他原子中，电子社群总是随时准备改变它们的成员数目。在钠原子中，也就是你以前的家，为了和原子核的电荷达到必要的平衡，电子层要多一个电子。而在我们这个原子中，原有的电子数目并不足以和原子核内的正电达成平衡，因此我们欢迎你的到来，尽管你的存在使我们的原子核超载。只要你待在这里，我们的原子就不再是中性的，而是有一个额外的电荷。这样一来，你离开的钠原子就受到电子引力的作用而依附在我们旁边。我曾经听我们伟大的泡利神父说，像这样拥有多余电子或缺失电子的原子，被称为‘负离子’或‘正离子’。他还用‘分子’这个词来表示两个或两个以上通过电子之间的相互作用力结合在一起的原子的组合。他把这种钠原子和氯原子的特殊组合称为‘食盐’分子，我们也不知道是什么。”

“你不知道食盐是什么东西吗？”汤普金斯先生说，他已经忘自己在同谁说话了，“那就是你吃早餐时撒在煎鸡蛋上的东西呀。”

“什么是‘煎鸡蛋’？‘早餐’又是什么？”电子好奇地问道。汤普金斯先生气得说不出话来，然后他才意识到，向他的同伴解释人类生活中那些哪怕是最简单的细节都是徒劳的。“这就是为什么跟他们聊了这么多，我也还是没有办法更好地理解化合价和饱和电子层的原因。”他对自己说。于是他决定好好享受这个奇妙的世界，不再费心去理解这里，但要摆脱这个喋喋不休的电子可不那么容易。显然，这个电子有着强烈的愿望，要把它在漫长的电子生涯中收集到的所有知识都传递出去。

“你千万不要以为，”他继续说，“原子结合成分子都是由一个价电子完成的。有些原子，比如氧原子，需要两个电子才能填满它们的电子壳层，也有些原子则需要三个电子甚至更多。另外，在某些原子中，原子核有两个或两个以上的价电子。当这些原子相遇时，需要大量电子从一个原子跳跃到另一个原子并结合起来，结果就形成了相当复杂的分子，这样的分子通常由成千上万个原子组成。还有所谓的‘非极性’分子，也就是由两个完全相同的原子组成的分子，但这是一种非常不愉快的情况。”

“不愉快？为什么？”汤普金斯先生问道，他又开始感兴趣了。

“想让它们结合在一起要做太多工作了。”那个电子说道，“一段时间以前，我碰巧得到了那样一份工作，在那期间，我没有片刻属于自己的时间。为什么呢？因为那里的价电子完全不像我们现在这个样子：只要价电子轻松自在地搬个家，使原来的原子在电子方面短缺，那么这个被抛弃的原子就会自己靠在一旁了。别提了，先生！在那里可不是这样，为了把两个完全相同的原子连接在一起，价电子必须来回跳跃，从一个跳到另一个，然后马上再跳回来。我感觉自己就像一个乒乓球！”

汤普金斯先生很惊讶，这个电子不知道煎蛋是什么，可说起乒乓球来倒是顺口，但他也没太在意。

“我再也不想做那样的工作了！”懒惰的电子嘟囔着，一波不愉快的回忆淹没了它，“我觉得我待在现在的位置已经很舒服了。”

“等等！”他突然喊道，“我觉得我看到了一个对我来说更好的去处！再会——”他猛地一跳，冲向原子的内部。

汤普金斯先生望向那个电子跳去的方向，明白发生了什么：原子内圈的一个电子似乎被一个意外闯入原子内部的高速电子撞出了原子，“*K*层”上因此空出了一个舒服的位置。汤普金斯先生一边为自己错过了加入核心圈子的机会而懊恼，一边饶有兴趣地注视着刚才与他交谈的电子。这个兴奋的电子向原子内部越飞越远，一道明亮的光芒在它身后闪耀。一直到它最终到达内部轨道时，这令人几乎难以忍受的光辐射才终于消失不见。

“那是什么？”汤普金斯先生问，他的眼睛因为看到这个出乎意料的现象而疼痛，“为什么这么刺眼？”

“哦，那不过是由于跳跃产生的*X*射线。”和他同一轨道的伙伴一面笑他的窘态，一面解释道，“每当我们中的一个成功深入原子内部，多余的能量就会以辐射的形式释放出来。这个幸运的家伙跳了一大步，所以释放了很多能量。更多的时候，我们不得不满足于较小的跳跃，就在这附近，相当于迁入原子的近郊，这时我们散发出的射线被称为‘可见光’——至少泡利神父是这么说的。”

“不过这个X光——不管你怎么叫它——也是可见的。”汤普金斯先生提出异议，“我觉得你的措辞很容易误导他人。”

“那是因为我们是电子，对任何射线都很敏感。但是泡利神父告诉我们，世界上有一种巨大的生物，他称之为‘人类’，他们只能在一个很窄的能量范围内——或者说一定的波长范围内，才能看到光。我记得他曾经告诉我们，有一个名叫伦琴的了不起的人发现了X射线，于是这种射线现在被广泛应用于所谓的‘医学’领域中。”

“噢，是的。关于那件事我了解很多。”汤普金斯先生说，他感到很自豪，觉得终于可以炫耀他的知识了，“想让我告诉你更多吗？”

“不用了，谢谢。”电子打着哈欠说，“我真的不在乎。你不说话就不开心吗？试试来抓我啊！”

在很长一段时间里，汤普金斯先生一直享受着这种与其他电子一起在太空中自由翱翔的快感。然后，突然间，他觉得自己的头发都竖起来了，有一次在山里遇到暴风雨时他有过同样的感觉。很明显，一股强烈的电干扰正在接近他们的原子，破坏了和谐的电子运动，迫使电子严重偏离它们的正常轨道。从一个人类物理学家的角度来看，这只是一道通过这个特殊原子所在位置的紫外线，但对那些微小的电子来说，这是一场可怕的电风暴。

“抓紧了！”他的一个同伴喊道，“否则你会被光电效应扔出去的！”但是已经太晚了。汤普金斯先生就像被一对有力的手指抓住一样被从他的同伴身边拽了出去，并以可怕的速度飞快地向前冲去。他屏住呼吸在空间中飞驰，掠过各种不同的原子，速度之快使他几乎无法区分不同的电子。突然，一个巨大的原子出现在他的前方，他知道一场碰撞不可避免了。

“原谅我，但是由于光电效应，我无法……”汤普金斯先生礼貌地开口，但是当他迎头撞上一个外层电子时，剩下的话就淹没在一阵震耳欲聋的撞击声中了。他们俩头朝下落进了太空。不过，这次碰撞使汤普金斯先生的速度降了下来，现在他能够更仔细地研究新环境了。他周围高耸的原子比他以前见过的任何原子都要大得多，他可以数出每个原子中都有29个电子。如果他对物理学有更深入的了解，他就会认出它们是铜，但在这么近的距离，这群原子整体来看一点也不像铜。而且，它们彼此间靠得很近，形成了一种有规律的图案，一直延伸到他目力所不及的地方。

不过，最让汤普金斯感到惊讶的是，这些原子似乎并不特别在意保持它们应有的电子数量，尤其是它们外层的电子。事实上，它们的外层轨道大部分是空的，成群的独立电子在空间中懒洋洋地飘浮着，不时地在某一个原子的外围停留，但不会停留很长时间。在太空中进行了这次惊险的飞行后，汤普金斯先生相当疲惫。起初，他试图在一个铜原子的稳定轨道上休息一会儿。然而，他很快就被流浪的电子群自由自在的感觉吸引了，他加入其他电子的行列，也开始漫无目的地到处运动。

“这里的秩序不是很好，”他自言自语道，“而且有太多电子对自己的工作毫不关心。我认为泡利神父应该采取些措施。”

“为什么我要这样做呢？”神父熟悉的声音突然不知从哪里冒了出来，“这些电子并没有违抗我的命令，而且它们做着非常有用的工作。你可能还不知道，如果所有的原子都像某些原子一样在意它们的电子，那么就不会有导电性这回事了。那样的话你家的电铃就不会响，更不用说电灯或电话了。”

“哦，你是说这些电子携带着电流？”汤普金斯先生问道，希望谈话能转到他多少熟悉一点的话题上，“但我看不出它们是向着什么特别的方向移动的。”

“首先，我的孩子，”神父严肃地说，“不要用‘它们’这个词，要用‘我们’，你似乎忘记了你自己也是一个电子。一旦有人按下连接着这条铜线的按钮，电压就会让你和其他导电电子一起冲过去叫女仆，或做其他需要做的事情。”

“可是我不想！”汤普金斯先生坚定地说，声音里带着一丝气恼，“事实上，我已经厌倦了做一个电子，我觉得这太没意思了。这叫什么生活！我不想永远这样履行电子的职责！”

“不一定永远，”泡利神父反驳道，他显然并不喜欢被一个普通的电子顶撞。“你早晚有机会被湮灭，不复存在。”

“被……被……被湮灭？”汤普金斯重复道，他感到脊背发凉，“我一直认为电子是永恒存在的。”

“物理学家们之前也这么认为，直到最近他们发现，”泡利神父被他的话逗乐了，“这并不完全正确。电子可以生也可以死，就像人类一样。当然，在这儿并没有衰老死去这种事，死亡只有在碰撞中才会发生。”

“嗯，就在刚刚我还遭受了一次撞击，而且撞得很厉害。”汤普金斯说，他恢复了一点信心，“如果那样的撞击都没有让我丧失行动能力，我无法想象还要多剧烈的撞击才行。”

“这不是你撞得多用力的问题，”泡利神父纠正他说，“而是你和谁相撞的问题。在刚才的碰撞中，和你相撞的可能是另一个与你非常相似的负电子，这样的碰撞是没有丝毫危险的。事实上，你们可以像公羊一样年复一年地撞来撞去，而不会对彼此造成伤害。但是还有另一种电子，叫正电子，这是物理学家最近才发现的。这些正电子看起来和你完全一样，唯一的区别是它们的电荷是正的而不是负的。当你看到这样的一个家伙向你靠近，你会认为它只是你的一个普通伙伴，于是便上前和它打招呼。但随后你会突然发现，它没有像别的电子那样，为了避免碰撞而把你轻轻推开，而是一下把你拉过去。到那时，做任何事都为时已晚。”

“太可怕了！”汤普金斯先生喊道，“一个正电子能吃掉多少可怜的普通电子？”

“幸运的是，只能吃掉一个。因为正电子在毁灭一个负电子的同时也毁灭了自己。你可以把它们理解成自杀组织的成员，在寻找相互毁灭的对手。它们自己不会互相伤害，但一旦一个负电子靠近它们，这个负电子存活的机会就很小了。”

“幸好我还没遇到过这样的怪物，”这段描述让汤普金斯先生印象深刻，“我希望它们的数量不是很多。它们多吗？”

“不多。原因很简单，它们总是在找麻烦，所以它们总是在出生后不久就消失了。如果你等一下，我也许可以让你看到一个。”

“好了，这里就有一个。”泡利神父沉默片刻后继续说，“如果你仔细观察那个重原子核，你就会看到一个正电子的诞生过程。”

神父所指的原子显然受到了强烈的电磁干扰，因为有一波强烈的辐射正从外部袭来。比起把汤普金斯先生从氯原子里赶出来的那次干扰，这次辐射干扰要猛烈得多，围绕着原子核的电子就像飓风中的干树叶一样在风中乱舞。

“仔细看那个原子核，”泡利神父说道。汤普金斯先生集中注意力，看见在被摧毁的原子的深处正在发生一种不寻常的现象。在离原子核非常近的电子层内，两个模糊的影子逐渐成形，一秒钟后，汤普金斯先生看见两个闪闪发光的崭新的电子以极快的速度从它们的诞生地冲出去。

“但是我看到了两个电子。”汤普金斯先生说，他被眼前的景象迷住了。

“说得对。”泡利神父表示赞同，“电子总是成对诞生的，否则就违背了电荷守恒定律。原子核在强伽马射线作用下产生的这两个粒子，一个是普通的负电子，一个是正电子——就是那种杀手。现在它要去找受害者了。”

“好吧，如果每一个注定要摧毁一个电子的正电子的诞生，都伴随着另一个普通电子的诞生，那事情就没那么糟糕了。”汤普金斯先生若有所思地说，“至少它不会导致电子一族灭亡，而我……”

“小心！”神父打断他，猛地把他推到一边。那个新生的正电子从离他只有2.5厘米的地方呼啸而过。“当你周围存在这种危险的粒子的时候，你越小心越好。我觉得我和你谈的时间太长了，我还有其他事情要做。我必须去找我的宠物‘中微子’了……”

然后，神父就这样消失了，没有告诉汤普金斯先生这个

“中微子”是什么，也没有说这个“中微子”是否也值得害怕。就这样被遗弃，汤普金斯先生感觉比以前更孤独了。在他穿越太空的旅途中，当一个又一个电子伙伴走近他时，他甚至暗暗抱着一种孤注一掷的希望，因为在每个无辜的外表下，都可能隐藏着一颗杀人犯的心。很长一段时间里——他自己感觉有几个世纪那么长，他的恐惧和希望都是没有道理的，同时他也不情愿地承担着一个导电电子的枯燥职责。

事情在他最意想不到的时候突然发生了。他有一种强烈的欲望，想跟别人说说话，哪怕是跟一个愚蠢的导电电子也好，于是他走近一个慢慢移动着的粒子，显然，这个粒子是这

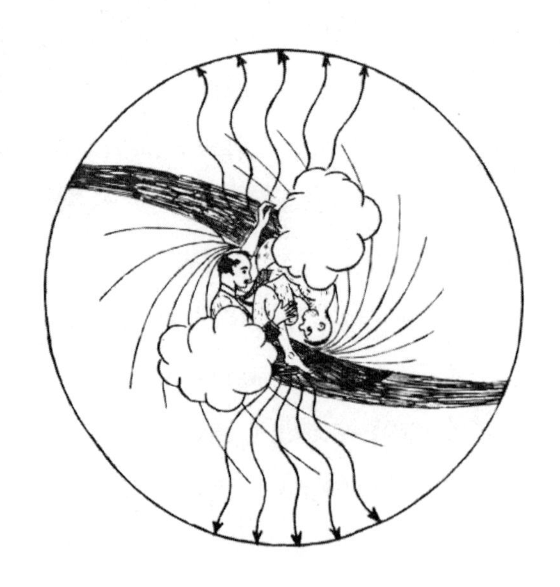

放开我！放开我！

条铜线里的新人。然而，即使隔着一段距离，他也意识到他的选择是错误的，一股不可抗拒的吸引力在拖着他向前走，不允许他后退。他挣扎着，想挣脱这股力量，但是他们之间的距离正在迅速拉近，汤普金斯先生觉得他看到了绑架者脸上邪恶的笑容。

“放开我！放开我！”汤普金斯先生扯着嗓门喊道，挥舞着四肢挣扎，“我不想被吞噬掉。我会永远认真导电的！”但这一切都是徒劳的，周围的空间突然被强烈的光照亮，令人目眩。

“唉，我已经不行了，”汤普金斯先生想，“可我怎么还能思考呢？难道只是我的身体被消灭了，而我的灵魂到了量子天堂？”这时，他又感到一股新的力量，不过这次温和多了，那股力量坚定地摇晃着他。他睁开眼睛，认出了对方是这所大学的看门人。

“对不起，先生，”他说，“讲座已经结束好一阵子了，我们现在必须关闭礼堂了。”汤普金斯先生忍住了呵欠，显得很不好意思。

“晚安，先生。”看门人同情地微笑着说。

上一场讲座
汤普金斯先生因为睡着
而错过的部分

事实上，英国化学家约翰·道尔顿在1808年就指出，形成更复杂的化合物所需要的各种化学元素之间的比例总是可以用整数比例来表示。他在解释这个经验定律时，将其归因于所有的复合物质都是由代表简单化学元素的不同数量的粒子构成的。

中世纪的炼金术没能把一种化学元素变成另一种，这就证明这些粒子是不可再分的，于是人们毫不犹豫地给它们取了一个古希腊语的名字——原子。这个名字一直沿用至今。尽管我们现在知道这些“道尔顿原子”根本不是不可分割的，它们事实上是由许多更小的粒子构成的，但是我们却对它们的名字在语言学上的不一致性选择了视而不见。

因此，现代物理学所说的“原子”根本不是德谟克利特所想象的物质的最基本的、不可分割的组成单位。事实上，“原子”一词如果应用于诸如电子和质子这样小得多的粒子上会更加准确，因为根据道尔顿的说法，这些粒子才应该是“原子”。但是，贸然更改名字会引起不必要的混乱，而且也没有物理学家关心语言学上的一致性！因此，在道尔顿的理论上，我们还是保留了“原子”这个旧称，然后将电子、质子等称为

“基本粒子”。

当然，现在我们相信，这些更小的粒子才是符合德谟克利特对这个词的理解的，就像这个名字所表达的那样——基本的、不可分割的。大家也许会问，历史是否会重演？在科学的进一步发展中，现代物理学的基本粒子是否会被证明其实也是相当复杂的呢？我的回答是，尽管不能绝对保证这种情况不会发生，但我们有充分的理由相信，我们这次是完全正确的。

事实上，有92种不同的原子（对应92种不同的化学元素），而且每一种原子都具有相当复杂的特性，这种情况本身就要求人们对它进行一些简化，把复杂的图像归纳为更基本的图像，以便于研究。另一方面，现如今的物理学只确认了几种基本粒子：电子（带正电或负电的轻粒子）、核子（带电荷或中性的重粒子，也被称为质子或中子），可能还有所谓的中微子（其性质还没有完全弄清楚）。

这些基本粒子的性质都非常简单，已经无法再进一步进行简化。此外，你们应该明白，如果想构建出更复杂的东西，你们必须熟练掌握几个基本的概念，并不多，就两三个。因此，在我看来，你完全可以用你最后一块钱打赌，赌现代物理学的基本粒子名副其实。

现在，我们可以来聊一聊道尔顿原子是如何由基本粒子构成的了。1911年，著名的英国物理学家欧内斯特·卢瑟福（后来成为纳尔逊的卢瑟福勋爵）第一个正确回答了这个问题。他当时正在用快速移动的微小抛射粒子轰击各种原子的方法研究原子结构，这种抛射粒子被称为“α粒子”，是放射性元素衰变过程中释放出来的。通过观察这些抛射粒子穿过一块物质后发生的偏转（散射），卢瑟福得出结论：所有的原子都必须有一个质地稠密的带正电荷的核心（原子核），周围环绕着相当稀薄的负电荷云（原子大气）。

如今大家都知道了，原子核是由一定数量的质子和中子组成的（它们被统称为“核子”），它们被一种强大的凝聚力紧紧地捆绑在一起；而在原子核内正电荷的静电吸引作用下，不同数量的负电子聚集在原子大气中。构成原子大气的电子数决定了给定原子的所有物理和化学性质，这个数目对应了化学元素的自然顺序，从1个（对应氢元素）一直增加到92个（对应已知最重的元素：铀）。

尽管卢瑟福的原子模型看起来很简单，但要理解它却一点也不简单。事实上，根据经典物理学最牢不可破的定律，带负电荷的电子围绕原子核旋转时，必定会通过辐射（发射光）过程失去能量。据计算，由于这种稳定的能量损失，所有形成原子大气层的电子都应在极短时间内，坍缩到原子核上。然而，这个由经典理论得到的看似合理的结论，与我们观察到的现象却是矛盾的：事实上，原子的大气是相当稳定的，原子的电子非但不会坍缩在原子核上，还会无限地围绕着原子核运动。因此，我们看到，经典力学的基本概念与原子世界中微小粒子的实际力学行为之间，存在着根深蒂固的冲突。

这一事实使著名的丹麦物理学家内尔·玻尔认识到，几个世纪以来在自然科学体系中享有特权和稳固地位的经典物理学，从现在开始应该被视为一种有局限性的理论了，它适用于我们日常的宏观世界，却完全不适用于发生在不同原子内部的更为精细的运动。

为了构建一套通用的、能够适用于原子级别的微小粒子运动的理论，玻尔提出假设：在经典理论所考虑的无限多种运动类型中，只有少数特殊的运动类型可以在自然界中实际发生。这些特别的运动类型或轨迹，将根据特定的数学条件（即玻尔理论的量子条件）来甄选。在这里我不打算进一步详细讨论这些量子条件，但还是要提一下是如何选择的——当运动粒子的质量比我们在原子结构中遇到的粒子质量大得多时，它们所施加的所有限制都将变得没有实际意义。因此，新的微观力学应用于宏观物体时，给出了与旧的经典理论（对应原则）完全相同的结果，只有在描述微小原子级别的粒子的运动时，两种理论之间的分歧才具有重要价值。

在不深入细节的前提下，我将通过展示玻尔原子中的量子轨道图，来满足大家对玻尔理论中原子结构的好奇。（请展示第一张图片）在这里，大家可以看到圆形轨道系统和椭圆形轨道系统——当然，这是放大了很多倍的情况——代表了在玻尔的量子条件下“被允许”的电子形成原子大气的运动类型。虽然经典力学允许电子在距离原子核任意半径的轨道移动，并对其轨道的偏心率（即延伸率）没有限制，但玻尔理论所选定的轨道形成了一个离散集——所有特征维度都有明确定义。在一般分类中，每个轨道附近的数字和字母表示这个轨道的名称，例如，你可能注意到了，其中较大的数字对应着较大直径的轨道。

由原始的玻尔-索末菲结构得到了氢原子中被允许的电子的量子轨道。

尽管玻尔的原子结构理论在解释原子和分子的各种性质方面卓有成效，但离散量子轨道的基本概念仍然不明确，我们越是试图深入分析经典理论的这种不寻常的限制，整体情况就越不清楚。

最后，科学家终于明白，玻尔理论的缺点在于它没有从根本上改变经典力学，而是简单地用附加条件限制了经典力学的结果，而这些附加条件在根本上与经典理论的整个结构是不相容的。直到13年后，这个问题的正确解决方案才以所谓的“波动力学”的形式出现，它根据新的量子原理修改了经典力学的整个基础。尽管乍一看，波的力学体系似乎比玻尔的旧理论还要疯狂，但这种新的微观力学代表了当今理论物理学中最合乎逻辑也最容易被人接受的一部分。

关于新力学的基本原理，特别是“不确定性”和“弥散轨迹”的概念，我已经在之前的一场讲座中讨论过了，我可以给大家一点时间，你们看看笔记，回忆一下，然后我们再回到原子结构的问题上。在我现在展示的图中（请给我展示第二张图片）你可以看到，在波动力学理论的框架下，原子中电子的运动从“弥散轨迹”的角度实现了可视化。这幅图所表示的运动类型与上一幅图中用经典力学的方法展示的运动类型相同（不过由于技术原因，两种运动类型现在是分开画的），但是，我们现在得到的不是玻尔理论中轮廓分明的轨迹，而是与基本不确定性原理相一致的弥散图案。在这幅图中，不同运动状态的标号和前面图上的是一样的，比较一下这两幅图，只要你稍微发挥一下你的想象力就会注意到，这张图中这种模糊不清的云状图样其实相当忠实地重复着原来的玻尔轨道的一般特征。

这些图很清楚地向大家展示了，当量子起作用时，经典力学的老式轨迹会发生什么变化。尽管一个外行可能会认为这些图只是一种神奇的幻想，但研究原子微观世界的科学家轻而易举地便接受了这个图景。

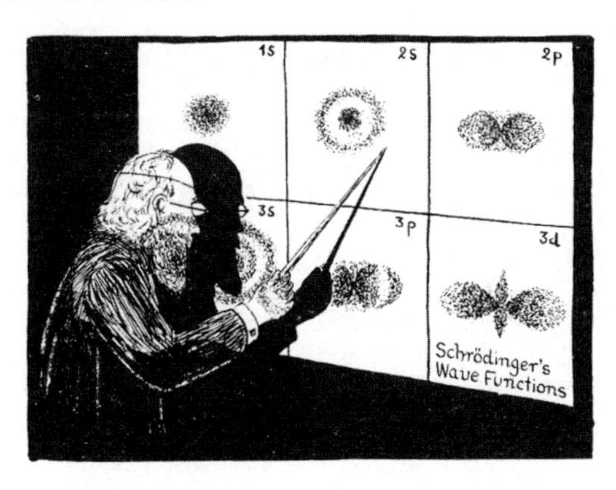

教授展示的第二张图

在对一个原子的电子大气中可能存在的运动状态简单探索之后，我们现在要来讨论一个重要的问题：不同原子的电子在各种可能的运动状态中是如何分布的？这里我们又要接触到一个新的原理，一个在宏观世界中非常陌生的原理。这个原理最初是由我年轻的朋友沃尔夫冈 · 泡利提出的。他指出，在一个给定原子的电子中，任意两个电子都不可能同时具有完全相同的运动状态。如果像经典力学中那样存在无限多种可能的运动状态，那么这个原理就没什么意义了。然而，由于量子定律极大地减少了“被允许的”运动状态的数量，因此泡利原理在原子世界中起着非常重要的作用：它确保原子核周围的电子大致均匀分布，防止它们聚集在某个特定的位置。

然而，你千万不要根据上述新原理想当然地认为，在我这个图中所表示的每一个弥散量子态都可能只被一个电子“占据”。事实上，除了沿轨道运动之外，每个电子也都绕着自己的轴自转，因此即使两个电子沿同一轨道运动，只要它们的自旋方向不同，就并不与泡利博士的理论相悖。已有的对电子自旋的研究表明，它们总是以相同的速度绕轴旋转，并且这个轴的方向总是垂直于轨道的平面。这样一来，电子就只剩下两种不同的旋转方式，分别是“顺时针”和“逆时针”。

因此，应用于原子量子态的泡利原理可以重新表述为：每个量子运动状态最多只能被两个电子“占据”，并且，这两个粒子的自旋方向一定相反。因此，当我们沿着元素的自然序列向电子数量越来越多的原子不断推进时，我们发现不同的量子运动状态是逐步被电子填满的，原子的直径也随之稳步增加。说到这里，还必须提到的是，从电子的结合强度的角度来看，不同量子态的电子可以按照大致相同的结合强度分成几组（或者说几层）。当我们沿着元素的自然序列推进时，总是一个层被填满后再填下一层，电子层按顺序被填充导致原子的性质也随之发生周期性的改变。这就解释了俄国化学家门捷列夫是如何凭借经验发现众所周知的元素周期性的。

原子核内部

汤普金斯先生参加的下一场讲座是介绍原子核内部结构的，原子核是原子内部所有电子旋转的轴心点。

女士们、先生们：

随着我们对物质结构的研究越来越深入，今天，我们要试着用我们的“智慧之眼”，来探究原子核的内部，这个神秘的部分只占原子本身体积的万亿分之一。然而，尽管这个新研究领域的规模小得令人难以置信，但我们还是会发现其中剧烈的活动。事实上，原子核毕竟是原子的核心，尽管它的体积非常小，却占原子总质量的99.97%。

当我们从原子稀薄的电子大气层进入核的区域，会对这里的密集程度感到无比惊讶。原子大气中的电子移动的平均距离是它们自身直径的几十万倍，而原子核内部的粒子只能“手肘挨着手肘”地紧紧挤在一起——如果它们有手肘的话。从这个意义上说，原子核内部的情景与普通液体非常相似，只是我们在这里遇到的不是分子，而是质子、中子等更小的基本粒子。

这里需要注意的是，尽管名称有所不同，但质子和中子其实代表一种被称为“核子”的基本重粒子的两种不同的带电状态。质子是带正电荷的核子，中子是电中性的核子，也有可能存在带负电荷的核子，只是我们目前还没有观察到。就几何尺寸而言，核子与电子差别不大，直径都约为0.000 000 000 000 1厘米。但核子要比电子重得多，一个质子或中子的重量相当于1840个电子的重量。

正如我所说的，构成原子核的粒子排列得非常紧密，这是由于某种特殊的核内聚力的作用——类似于液体中分子之间的凝聚力。而且，就像在液体中一样，这种力虽然阻止了粒子完全分离，但并不妨碍它们之间的相对移动。因此，核物质具有一定的流动性，且在不受任何外力干扰的情况下，它们会凝聚成球形，就像普通的液滴一样。在我现在要给你们看的示意图中，你们可以看到由质子和中子组成的不同类型的原子核。最简单的是氢原子核，它只有一个质子；而最复杂的铀原子核有92个质子和142个中子。当然，你得知道，这些图片仅仅是实际情况的示意图而已，因为根据量子理论的基本不确定性原理，每个核子的位置实际上是“弥散”在整个核区域内的。

如我之前所说，构成原子核的粒子被强大的内聚力约束在一起，但除了这种内聚力，原子核内还存在另一种方向相反的力。事实上，构成原子核总数一半的质子带着正电荷，它们因受库仑静电力影响而相互排斥。对于携带电荷相对较少的轻原子核，这种库仑斥力的影响微乎其微；但对于携带电荷相对较

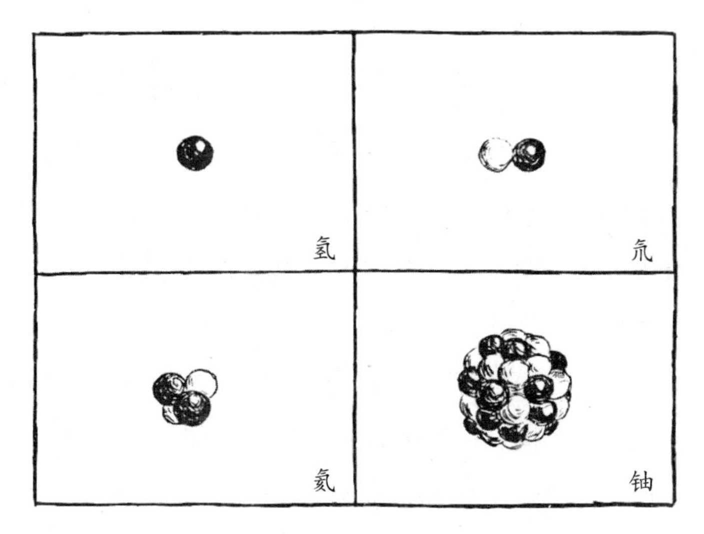

氢、氘、氦和铀的原子核。

多的重原子核来说，库仑斥力会与内聚力形成激烈的对抗。一旦发生这种情况，原子核就不再稳定，而且很容易把它的一些组成部分抛出去。这正是处于元素周期表末尾的一些元素所发生的情况，这些元素被称为“放射性元素”。

通过上面的这些叙述，你可能会得出这样的结论：这些不稳定的重原子核应该抛出质子，因为中子不携带任何电荷，不受库仑力影响。

但是，实验表明，实际上被发射出的粒子是所谓的α粒子（氦核），即由两个质子和两个中子组成的复杂粒子。要解释这一事实得从原子核组成部分的具体分组说起。由两个质子和两个中子组成的α粒子似乎特别稳定，因此一次性抛出整个α粒子要比将其分解成质子和中子抛出容易得多。

你们可能知道，放射性衰变现象是由法国物理学家亨利·贝克勒尔率先发现的，而把它解释为原子核自发衰变结果的是英国著名物理学家卢瑟福。我之前在其他的相关讲座里多次提到过他的名字，他在核物理学方面的重大发现对该学科的发展意义重大。

α衰变过程的最奇特之处在于，α粒子需要极长一段时间才能“逃离”原子核。对于铀和钍来说，这个时间是几十亿年；对镭来说，大约要16个世纪。虽然有些元素在几分之一秒内就会发生衰变，但与其核内运动的速度相比，这个时间跨度也可以认为是很长了。

是什么迫使α粒子有时要在原子核内待数十亿年？如果它已经待了这么久，最终又为什么会出来？

要回答这个问题，我们必须先了解一下产生内聚力和粒子在离开原子核时所受的静电斥力的相对强度。卢瑟福用所谓的“原子轰击法”对这些力进行了细致研究。卢瑟福在卡文迪许实验室做过一个著名的实验，他将一束由某种放射性物质发射的高速运动的α粒子射到一些物质上，然后观察这些原子投射物与被轰击物质的原子核碰撞后产生的偏离（散射）情况。这个实验证实了一个事实，即在离原子核很远的地方，抛射粒子就受到了核电荷的强烈排斥，但如果抛射粒子能够非常接近核区域的外边界，这种排斥力就会变成强烈的吸引力。

可以说，原子核在某种程度上类似于一个四面被高而陡的围墙包围的堡垒，它既阻止粒子进入，也阻止粒子流出。但是卢瑟福的实验最显著的结果是，不管是在放射性衰变过程中脱离原子核的α粒子，还是从外部进入原子核的抛射粒子，它们实际上拥有的能量都比它们穿过围墙——我们通常称之为“势垒”——所需要的能量要少。这是与经典力学的基本思想完全矛盾的事实。的确，如果你扔一个球所用的能量远远少于它到达山顶所需要的能量，你怎么能指望这个球翻过这座山呢？经典物理学只能睁大眼睛，认为卢瑟福的实验一定有问题。

但是，事实上，卢瑟福没有错，即使有人犯了错，那也不是卢瑟福勋爵，而应该是经典力学本身。我的好朋友乔治·伽莫夫博士、罗纳德·格尼博士和康登博士同时澄清了这一情况。他们指出，如果从现代量子理论的角度来看这个问题，根本没什么难度。事实上，我们知道，如今的量子物理学摒弃了经典理论中明确定义的线性轨迹，而将其替换为弥散的幽灵般的轨迹。而且，就像古老传说中的幽灵可以毫无阻碍地穿过古堡的厚砖石墙一样，这些幽灵般的轨迹也可以穿透潜在的障碍，而这些障碍从传统的观点来看似乎是难以穿透的。

请不要以为我在开玩笑：对于能量不足的粒子穿透势垒的可能性是新量子力学基本方程给出的直接数学结果，它代表了新旧理论对运动的定义最重要的区别之一。但是，尽管新理论允许这种不寻常的现象出现，但却给出了严格的限制条件：在大多数情况下，能量不足的粒子穿透势垒的概率极小，最终成功之前，被束缚的粒子必须向墙壁投掷难以置信的次数。量子理论给了我们计算这种逃逸概率的精确公式，并且已经证明，我们观测到的α衰变周期完全符合理论的预期。同样，对于从外部射入原子核的抛射粒子，量子力学计算的结果也与实验结果一致。

在进一步讨论之前，我想给你们看一些照片，这些照片展示了各种原子核被高能原子抛射粒子击中后衰变的过程。（请看这张照片！）在这张照片中，你可以看到两种不同的衰变过程。这是在云室拍摄的，在之前的讲座中我已经描述过了。左边照片展示的是一个氮核被一个高速α粒子撞击了，这是有史以来拍摄到的第一张人工元素嬗变的照片，它是由卢瑟福勋爵的学生帕特里克·布莱克特博士拍摄的。在这张照片中，你可以看到大量α粒子从一个强大的α射线源辐射出来后的运动轨迹，射线源在照片中没有显示出来。这些粒子中的大多数在穿越观察者视野时没有发生严重的碰撞，但其中有一个粒子，正好成功地击中了一个氮原子核，所以它的轨迹消失了。照片中展示的就是那颗α粒子的轨迹，而且你还能看到从碰撞点发射出了另外两条轨迹。长而细的轨迹是氮原子核中被击出的一个质子留下的，短而粗的轨迹则代表原子核本身的反冲。然而，这个原子核已经不再是氮原子核了，因为在失去一个质子并吸收入射的α粒子后，它已经变成了一个氧原子核。这样，我们就掌握了一种把氮转化为氧的炼金术，副产品是氢。

第二张照片展示的是经人工加速后的质子撞击原子核造成的核衰变。一种被大家称为“原子对撞机”的特殊的高压机器制造出一束高速的质子束，通过一根长管进入云室，在照片中可以看到管子的末端。

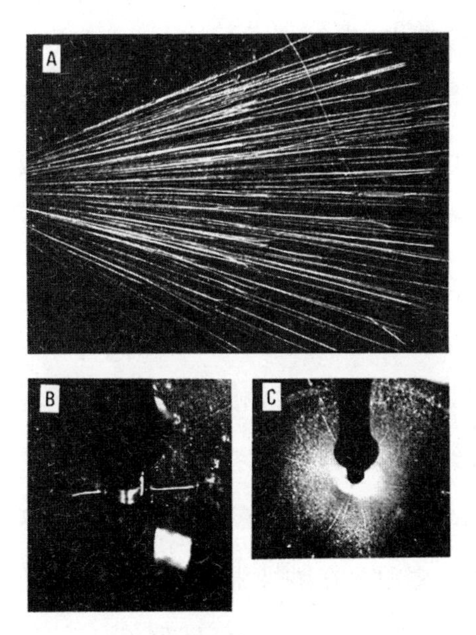

（A）氮被氦撞击后变成重氧和重氢

（B）锂被氢撞击后变成两个氦

（C）硼被氢撞击后变成三个氦

在这个实验中，撞击目标是一层薄薄的硼，它被放置在管子下部的开口处，这样在碰撞中产生的核碎片就一定会通过云室中的空气，形成云雾状的轨迹。正如你在照片中看到的，硼的原子核被一个质子击中，分裂成三个部分，根据计算电荷的平衡，我们得出结论：每一个碎片都是一个α粒子，即氦核。

照片中显示的两个嬗变过程是如今的实验物理学中研究的几百种核转变中的两个典型例子。在所有这种被称为“置换式核反应”的嬗变中，入射粒子（质子、中子或α粒子）会进入原子核中，把某个粒子踢出去，然后自己占据其位置。置换式核反应有质子被α粒子取代，α粒子被质子取代，质子被中子取代，等等多种可能。在所有这样的嬗变中，反应生成的新元素都是被轰击的元素在周期表中的近邻。

但在第二次世界大战爆发之前，两位德国化学家O.哈恩和F.斯特拉斯曼发现了一种全新的核嬗变，即一个重原子核在释放出大量能量的同时，分裂成相同的两部分。在我的下一张幻灯片中（请放幻灯片！），你会看到右边的一张照片上有两个铀碎片从一根细铀丝发出，向相反的方向飞去。这种被称为“核裂变”的现象，最早是在铀被中子束轰击的情况下发现的，但科学家们很快就发现，位于周期表末端的其他元素也具有类似的性质。看起来，这些重原子核的稳定性已经到了上限，哪怕是中子碰撞这种最小的刺激，都足以使它们分裂成两半，就像超大的水银滴那样。

重原子核如此不稳定的事实，使我们对为什么自然界只有92种元素这一问题有了新的认识。事实上，比铀重的任何原子核都不可能存在片刻，因为它会立即分裂成更小的碎片。从

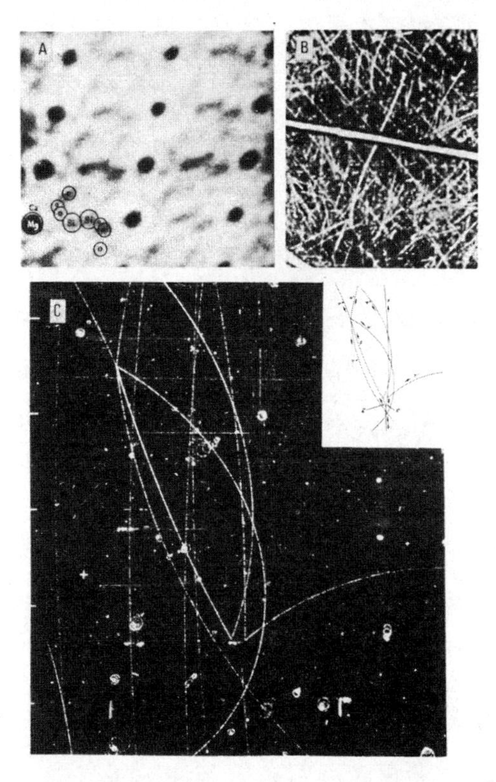

（A）布拉格拍摄的透辉石晶体中的原子照片。角落里的圆圈分别是钙原子、镁原子、硅原子和氧原子，约放大了1亿倍。

（B）被中子击中的铀的两个裂变碎片朝相反的方向飞出。

（C）中性λ超子和反λ超子的产生和衰变。

实用角度来看，“核裂变”现象也非常有趣，因为它为核能的利用提供了可能性。关键在于，重原子核在一分为二的同时会喷射出大量的中子，这可能会导致邻近的原子核裂变。如此一来，这个过程将可能引发爆炸，原子核内储存的所有能量将在几分之一秒内释放出来。而且，如果大家还记得一磅铀所含的核能相当于十吨煤的能量的话，就会明白释放这种能源的可能性将会使我们的经济产生非常重要的变化。

然而，所有这些核反应只能在非常小的范围内进行，尽管它们给我们提供了有关核内部结构的大量信息，但人们却不知道怎样才能释放出大量核能。1939年，德国化学家O. 哈恩和P. 斯特拉斯曼发现了一种全新的核转变：沉重的铀原子核受到一个中子撞击，分裂成两个大致相同的部分，在释放大量能量的同时射出两到三个中子，这些中子反过来会撞击其他的铀核，使之分裂成两个，并释放出更多的能量和中子。这种链式裂变过程可能导致巨大的爆炸，或者，如果控制得住的话，便可以提供几乎取之不尽的能量。

对我们来说非常幸运的是，从事原子弹研究并被称为“氢弹之父”的塔勒金博士尽管签署了许多保密协议，但还是同意来这里为我们就核弹问题做一个简短的演讲。他应该已经到了。

教授说这些话的时候，门开了，进来一个相貌堂堂的男人，他目光如炬、浓眉高挑。他握了握教授的手，然后转向听众。

“Holgyeim es Uraim（匈牙利语：女士们、先生们），”他说道，“Roviden kell beszelnem，men nagyon sok a dolgom. Ma reggel tobb megbeszelesem-volt a Pentagon-ban es a Feher Haz-ban. Delutan...（匈牙利语：我有很多工作要做。今天早上，我和费赫去过五角大楼，那里有一股浓雾。德卢坦……）哦，对不起！”他突然意识到自己用错了语言，“有时我的语言系统会混乱。让我重新开始——女士们、先生们！因为公务繁忙，我今天长话短说。今天上午，我在五角大楼和白宫参加了几个会议；今天下午，我必须参加内华达州法兰斯堡的地下爆炸试验；晚上，我还要出席加州范登堡空军基地的宴会，并发表讲话。

“我的主要观点是：原子核是由两种力来平衡的——一种是倾向于使原子核凝聚成在一个整体的原子核引力，一种是质子之间的电斥力。在像铀或钚这样的重原子核中，后一种力量占优势，原子核随时可能破裂，最轻微的刺激就可以使它分裂成两个碎片。这样的刺激可以通过一个中子撞击原子核来实现。”

他转向黑板，继续道：“在这里，你可以看到一个可裂变的原子核和一个正在撞击它的中子。两个裂变碎片分别向外飞出，每个碎片携带大约100万电子伏特的能量，裂变中产生的几个中子也会迸出——轻铀同位素有2个中子，钚有3个中子。然后，就像我在黑板上画的一样——撞击！撞击！裂变反应会接连不断进行下去。如果这块可裂变物质很小，大多数裂变中子在有机会撞击另一个可裂变原子核之前就会飞离物质表面，连锁反应就不会开始。但当这块可裂变物质比我们所说的临界质量更大，直径达到7~10厘米时，大多数中子都能被捕获，整个物体就会发生爆炸。这就是我们所说的裂变炸弹，它经常被错误地称为原子弹。”

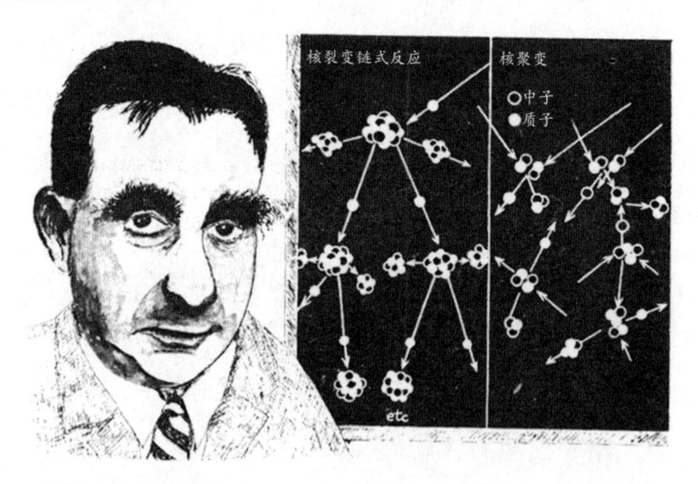

虽然名称听起来相似，但裂变和聚变是完全不同的过程

“但是，对元素周期表另一端的元素进行研究可以得到更好的结果，这些元素的原子核的引力比电斥力强。当两个轻核接触时，它们会融合在一起，就像碟子上的两滴水银一样。

这个反应只能在非常高的温度下发生，因为相互接近的轻核在电斥力作用下会有一定的距离。但当温度达到数千万度时，电斥力就无法阻止轻核的接触，此时聚变过程就开始了。最适合核聚变的原子核是氘核，即重氢原子的原子核。黑板右边是氘的热核反应的简单图示。当我们刚开始研究氢弹时，我们认为它对世界来说是件幸事，因为它不会产生放射性裂变产物，而裂变产物会扩散到地球的大气中。但是，我们却无法制造出这样的‘纯’氢弹，因为氘是最好的核燃料，可以很容易地从海水中提取出来，但它还不足以自行燃烧。因此，我们必须用重铀外壳包裹氘核。这些外壳会产生大量的裂变碎片，一些人称之为‘脏’氢弹。在设计受控的氘热核反应时我们也遇到了类似的困难，尽管我们尽了一切努力，但仍然没有找到解决方法——但我相信这个问题迟早会得到解决。”

“塔勒金博士，”听众中有人问道，“核弹试验产生的裂变产物会导致地球上的人类产生有害的突变吗？”

“并不是所有的突变都是有害的。”塔勒金博士笑了笑，“其中一些突变会让后代更加优秀。如果生物体没有发生突变，你和我现在都还是变形虫。难道你不知道生命的进化完全是由于自然突变和适者生存吗？”

“你是说——”观众中的一个女人歇斯底里地喊道，“我们都得生几十个孩子，然后只留下几个最好的，而毁掉其他的吗？！”

“嗯——女士——”塔勒金博士正要回答。但就在这时，礼堂的门开了，一个穿着飞行员服的男人走了进来。

“快点，先生！”他叫道，“您的直升机停在入口处，如果我们不立即出发，您就要错过机场的航班了。”

“对不起了各位。”塔勒金博士对观众说，“我现在必须走了。Isten veluk（匈牙利语：上帝保佑！）”说罢，二人便一起冲了出去。

木雕艺人

那是一扇又大又重的门，门中央挂着一个醒目的牌子，上面写着：“请勿入内——高压危险”。然而，门垫上大大的“欢迎光临”缓和了那种拒人于千里之外的感觉。汤普金斯先生犹豫了一分钟后，还是按了门铃。一位年轻助手让他进了屋，汤普金斯先生发现自己来到了一间偌大的屋子里，屋子里一大半地方被一台非常复杂、外形奇特的机器占据着。

“这是我们的大型回旋加速器，在报纸上被称为‘原子对撞机’。”助手解释道。他充满爱意地把手放在巨大电磁铁的一个线圈上，这个电磁铁是这个令人印象深刻的现代物理学工具的主要组成部分。

“它制造的粒子能量高达1000万电子伏特，”他自豪地补充道，“没有多少原子核能承受具有如此巨大能量的抛射物的撞击！”

“嗯，”汤普金斯先生说，“这些原子核一定很坚硬！很难想象，建造一个这样的庞然大物仅仅是为了打破一个小原子的小原子核。不过这台机器到底是怎么运作的？”

“你去过马戏团吗？”他的岳父从巨大的回旋加速器后面走了出来，问道。

这是我们的大型回旋加速器，或者说是“原子对撞机”

“呃……当然，去过。”汤普金斯先生说，这个出人意料的问题让他有些尴尬，“你的意思是今晚要和我一起去看马戏吗？”

“不是这个意思。”教授笑了笑，“只是为了帮助你理解回旋加速器是如何工作的。你观察一下这个大磁铁的两极之间，会发现那里有一个圆形的铜盒子，它就像一个马戏团的圆形表演场，在这个盒子里各种带电粒子被加速后，用于核轰击实验。盒子的中心是产生这些带电粒子或离子的源头。它们刚被制造出来时速度非常慢，接着，磁体的强磁场会使它们的运动轨迹绕着中心弯曲成小圆圈。然后，我们开始抽打它们，使它们的速度越来越快。”

“我知道你怎样用鞭子抽马，”汤普金斯先生说，“但是如何对这些微小的粒子做同样的事情，我就不太明白了。”

“其实非常简单。既然粒子在做圆周运动，我们所要做的就是在它每次通过轨道上的一个给定点时，对它施加连续的电击，就像马戏团里的驯兽师站在表演场地的边缘，每当马经过时就鞭打它一样。”

“但是驯马师可以看到马，”汤普金斯先生反驳道，“你们能看到一个粒子在这个铜盒子里旋转，然后在适当的时候抽它一下吗？”

“我当然不能，”教授表示同意，“但我也没必要看到。回旋加速器解决这个问题的诀窍在于，尽管被加速的粒子总是运动得越来越快，但它总是在相同的时间内完成一次完整的旋转。关键是，你看，随着粒子速度的增加，它的圆形运动轨迹的半径和轨迹的总长度（周长）也会成比例地增加。因此，它沿着一个展开的螺旋轨迹运动，并总是定期来到这个‘圆形表演场’的同一侧。我们所要做的，就是在那里放置一些电子设备并定时对粒子进行电击。我们通过一个振荡的电路系统来做到这一点，这和你在任何广播电台看到的非常相似。回旋加速器对粒子施加的每一次电击都不是很强烈，但是它们的累积效应能使粒子加速到极快的速度。这就是回旋加速器的最大优点。它产生的效果相当于几百万伏特高压产生的效果，尽管实际上这台机器没有任何地方存在如此高的电压。”

“真是相当巧妙，”汤普金斯先生若有所思地说，“这是谁发明的？”

“第一台是几年前由加州大学的E.O.劳伦斯建造的，他现在已经去世了。”教授回答道，“从那时起，回旋加速器就像谣言一样迅速进入各个物理实验室，并且尺寸越来越大。它们似乎真的比那些使用级联变压器或基于静电原理的旧设备更方便。”

“但是，没有这些复杂的装置就真的不能打破原子核吗？”汤普金斯问道。他崇尚简单至上，不太相信比锤子更复杂的工具。

“当然可以。事实上，卢瑟福在进行他的第一次著名的人工转化元素实验时，只使用了放射性物质自然射出的普通α粒子。但那是二十多年前的事了，正如你所看到的，自那以后，撞击原子的技术已经取得了相当大的进步。”

“你能给我展示一下原子是怎样被撞碎的吗？”汤普金斯先生问。比起冗长的解释，他更喜欢亲眼所见。

“非常乐意。”教授说道，“我们刚刚开始一项实验。我们正在对硼在快速质子撞击下的衰变进行进一步的研究。当一个硼原子的原子核被一个能量充足，可以穿透核势垒并进入原子核中的质子击中时，原子核就会分裂成三个相等的碎片，并飞向不同的方向。这个过程我们可以通过所谓的'云室'直接观察到，我们还能够看到所有参与碰撞的粒子的轨迹。云室是一个中间放了一小片硼的腔体，被放置在加速器的开口处，一旦我们启动回旋加速器，你就能亲眼看到原子核被撞击的过程。”

“我调整磁场，请你把电流打开好吗？”教授转身对他的助手说道。

回旋加速器的启动需要一段时间，汤普金斯先生一个人在实验室里闲逛。他的注意力被一套散发着微弱蓝光的复杂的大型放大管系统吸引了。他完全没有意识到回旋加速器中产生的电压正在上升，虽然没有高到可以击碎原子核，但却可以轻易击倒一头牛。他身体前倾，想要近距离观察那套系统。

“啪”，一个尖锐的声音响起，就像驯兽师的鞭子发出的脆响一样，汤普金斯先生感到一阵可怕的震动传遍了他的全身。接着，他眼前一黑就失去了知觉。

当他重新睁开眼睛的时候，发现自己因被电击趴在了地板上。实验室似乎还是老样子，但里面所有的东西都变了。汤普金斯看到的不是高耸的回旋加速器磁铁、闪亮的铜接头和数十个复杂的电子设备，而是一张长长的木制工作台，上面摆满了简单的木工工具。他注意到靠在墙边的老式架子上有许多奇形怪状的木雕。一个面容慈善的老人正在桌子旁工作。汤普金斯先生仔细端详他的容貌，震惊地发现这位老人既像沃尔特·迪斯尼的《木偶奇遇记》中的盖佩托爷爷，又像挂在教授实验室墙上的卢瑟福勋爵的画像。

“打扰了，”汤普金斯先生从地板上站起来说道，“我本来正在参观一个核实验室，好像发生了一些奇怪的事情。”

“哦，你对原子核感兴趣，”老人说着把他正在雕刻的那块木头放在一边，“那你就来对地方了。我在这里的工作就是制作各种各样的原子核，很高兴带你参观我的小工作室。”

“你说你在制作原子核？”汤普金斯先生吃惊地问。

“是的，当然，这需要一些技巧，尤其是做放射性元素的原子核的时候，它们可能会在你还没来得及给它们涂色之前就解体了。”

“给它们涂色？”

“是的，我给带正电的粒子涂上红色，给带负电的粒子涂上绿色。你可能知道，红色和绿色是所谓的‘互补色’，如果混合在一起就会相互抵消。[①]这就相当于正电荷和负电荷相互抵

① 读者要知道的是，这里所说的颜色的混合只适用于光线，而不适用于颜料本身。如果我们把红漆和绿漆混在一起，我们只会得到一个脏兮兮的颜色。但是，如果我们把一个玩具的顶部一半涂成红色，一半涂成绿色，然后让它快速旋转，那么这个玩具看起来就会是白色的。

消。如果原子核由相同数量的快速来回移动的正电荷和负电荷组成，那么它将是电中性的，在你看来就是白色的。如果正电荷或负电荷增多，整个系统就会变成红色或绿色。很简单，不是吗？”

我把正电子涂成红色，把负电子涂成绿色

“看，”老人指着桌子旁边的两个大木箱，继续说，“这是我用来保存各种制作原子核的材料的箱子。第一个箱子里有质子，就是这些红色的球。它们非常稳定，能永不褪色，除非你用刀子或其他东西把颜色刮掉。至于第二个箱子里的中子，就麻烦多了。它们通常是白色的，或者说是电中性的，但具有变成红色质子的强烈倾向。只要盒子关紧，一切都没问题，但一旦拿出一个，你看看会发生什么。”

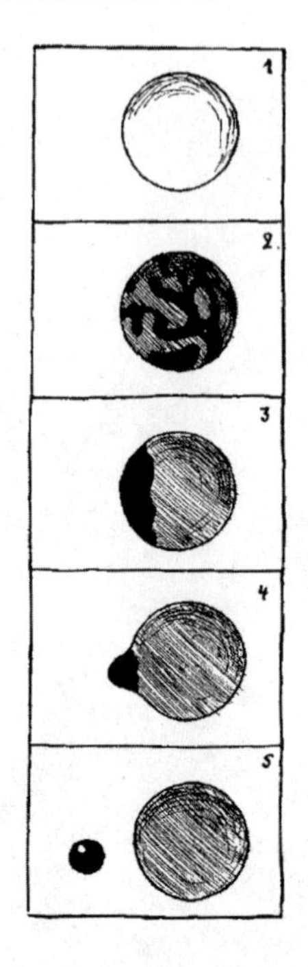

白色的中子分解成质子和负电子

老木雕艺人打开盒子，拿出一个白球，把它放在桌子上。过了一阵子，似乎什么也没发生，但就在汤普金斯先生快要失去耐心的时候，那颗球突然活跃起来。它的表面出现了不规则的红绿色条纹，有那么一会儿，它看起来就像孩子们非常喜欢的彩色玻璃弹珠。然后，绿色逐渐集中在一边，最后完全和球分离了，形成了一个明亮的绿色小水滴，滴落在地板上。现在，原本的白球完全变成了红色，和第一个盒子里的红色质子没有任何区别。

“你看到发生什么了，”他说着，从地板上捡起那颗绿色液滴，现在它已经变得很硬很圆了，“中子的白色分解成红色和绿色时，整个中子也随之分裂成两个独立的粒子，也就是一个质子和一个负电子。”

“对了，”看到汤普金斯先生脸上惊讶的表情，他补充道，“这个绿色的粒子只是一个普通的电子，就像任何原子中或任何地方的其他电子一样。”

“天哪！”汤普金斯先生惊叫道，“这绝对是我见过的所有彩色手帕戏法中最棒的，但是你能把颜色变回来吗？”

“嗯，我可以把这颗绿色的颜料球揉回红球的表面，让它再次变白，不过当然，这需要一些能量。另一种方法是把红色的颜料刮掉，这也会消耗一些能量。从质子表面刮下来的颜料会形成一个红色的液滴，也就是一个正电子，你可能听说过。”

“太美了！”他喊道，“原来这是一个金原子！”

“还不是原子，只是原子核。”老木雕艺人纠正他，“要形成一个完整的原子，你必须加上适当数量的电子以中和原子核的正电荷，并在原子核周围形成我们熟悉的电子层。但这很简单，原子核自己会抓住它周围的电子。”

“很有趣。”汤普金斯先生说，“我岳父从来没有提到过可以如此简单地制造黄金。”

“哦，你岳父和其他所谓的核物理学家！”老人喊道，声音里带着一点恼怒，“他们装腔作势，但实际上能做的很少。他们说他们不能把分开的质子压缩成一个复杂的原子核，因为他们无法施加足够大的压力来完成这项工作，其中一位科学家甚至计算出，要使质子粘在一起，就需要施加整个月球的重量。如果这是他们唯一的麻烦，他们为什么不去摘月亮呢？”

汤普金斯先生温和地说：“但是他们还是做了一些核嬗变的。”

“是的，当然，但是他们的方法很笨拙，而且适用范围有限。他们自己都意识不到他们得到的新元素的数量是如此之少。我可以告诉你他们是怎么做的。”说完，他拿出一个质子，用相当大的力把它扔向桌子上的金原子核。在接近原子核的外围时，质子的速度放慢了一点，犹豫了一会儿，然后撞进了原子核。吞下质子后，原子核像发了高烧似的颤抖了一会儿，然后分裂出一小部分来。

“你看，”他拿起一块碎片说，“这就是他们所说的α粒子，如果你仔细观察，就会发现它由两个质子和两个中子组成。这些粒子通常是从所谓的放射性元素的重原子核中喷射出来的，但如果你用足够大的力撞击普通的稳定原子核，也可以得到α粒子。我必须提醒你注意这样一个事实：留在桌子上的更大的碎片已经不再是金原子核了。它失去一个正电荷后，变成了铂原子核，铂是元素周期表上位于金前面的一个元素。然而，在某些情况下，进入原子核的质子不会导致原子核分裂为两部分，那么你得到的就是元素周期表中金之后的元素的原子核，也就是汞原子核。结合这些和其他类似的过程，我们实际上可以将任何给定的元素转换为其他元素。”

“哦，现在我明白为什么他们使用回旋加速器制造高速质子束了。”汤普金斯先生开始明白了，“可是你为什么说这个方法不好呢？”

“因为它的效率非常低。首先，他们不能像我那样用粒子瞄准原子核，所以只有几千分之一的抛射粒子能击中原子核。其次，即使抛射粒子能直接击中原子核，抛射粒子也很可能被原子核弹回来，而不是穿入其内部。你可能已经注意到，刚刚我把质子扔进金原子核时，它在进去之前犹豫了一下，我还以为它会被弹回来呢。”

“是什么在阻止抛射粒子？”汤普金斯先生好奇地问道。

“你可以自己猜一猜。”老人说道，“只要你还记得原子核和轰击的质子都带正电荷，就一定可以猜到。这些电荷之间的排斥力形成了一道不易跨越的障碍。如果轰击的质子能够穿透核堡垒，那只是因为它们使用了类似特洛伊木马的战术。它们不是以粒子而是以波的形式穿过核堡垒的。”

“好吧，你可把我难倒了。”汤普金斯先生悲哀地说，“你说的话我一个字也听不懂。”

“我也怕你听不懂。”木雕艺人笑着说，“说实话，我自己就是个工人。我可以用我的手来做这些事情，但是我实在不擅长这些乱七八糟的理论。总之重点就是，由于所有这些核粒子都是由量子材料制成的，它们总是会穿过或者说以泄漏的方式通过我们通常认为无法穿过的障碍。”

“哦，我明白你的意思了！”汤普金斯先生喊道，“我记得在我遇见莫德前不久，我去过一个奇怪的地方，那里的台球就跟你所描述的一模一样。”

“台球？你是说真正的象牙台球吗？”老木雕艺人急切地重复道。

“是的，我知道它们是用量子大象的象牙做的。”汤普金斯先生回答。

“人生就是这样，”老人难过地说，“他们只是为了玩游戏就使用如此昂贵的材料，而我却只能用普通的量子橡木雕刻整个宇宙的基本粒子——质子和中子！”

“但是，”他继续说，试图掩饰自己的失望，“我那些可怜的木制玩具和那些昂贵的象牙制品一样好，我这就让你看看它们能多么干净利索地穿过任何一种障碍。”他爬上长凳，从最上面的架子上取下一个看上去像一座火山模型的奇怪的木雕。

“你看到的这个，”他继续说，轻轻地掸了掸灰尘，“是原子核周围斥力势垒的模型。外侧的山坡就表示电荷之间的斥力，而火山口则表示使核粒子粘在一起的内聚力。如果我现在让一个球滚上斜坡，但给它的力度不足以让它翻过山顶，那么你肯定会觉得它会再滚下去。然而，让我们来看看实际会发生什么……”说着，他轻轻弹了一下球。

“嗯，我没发现有什么异常。”汤普金斯先生说。这时，小球爬到山坡的一半，又滚回到了桌子上。

“等等。”木雕艺人平静地说，“你不应该指望第一次实验就取得成功。”他又一次把球弹到山坡上。这一次，它又失败了。但在第三次尝试时，球在大约斜坡的一半的地方突然消失了。

“那么，你认为它跑到哪里去了呢？”老木雕艺人带着魔术师般的神气得意地说。

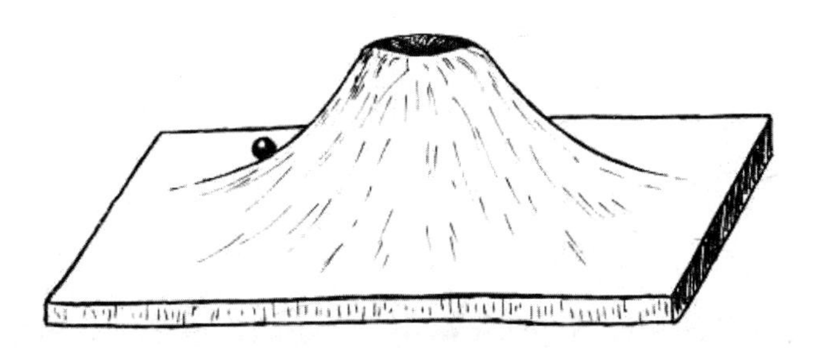

它的模样就像一座火山口

“你想说它现在在陨石坑里吗？”汤普金斯先生问。

“没错，就在那里。”老人说着，用手指把球抓了出来。

“现在，让我们反过来再做一遍，”他建议说，“看看球是否能不翻过山顶就从火山口里跑出来。”说着，他把球扔回了洞里。

过了好一会儿，什么事也没发生。汤普金斯先生只能听到小球在火山口里滚来滚去，发出轻微的隆隆声。又过了一会儿，小球奇迹般的突然出现在外面斜坡的中央，然后缓缓地滚到了桌子上。

“你在这里看到的是在放射性α衰变中的代表性现象，”木雕艺人说着，把模型放回到原来的位置，“只不过在实际情况中，不是普通的量子橡木做成的障碍，而是斥力势垒。但在原理上这二者没有什么区别。有时这些电势垒是如此的‘透明’，以至于粒子会在不到一秒的时间内逃逸；有时它们是如此的‘不透明’，以至于粒子需要数十亿年的时间才能逃离，比如铀原子核。”

“但是，为什么不是所有的原子核都有放射性呢？”汤普金斯先生问。

“因为在大多数原子核中，火山口的底部低于外面的海平面，只有在已知最重的原子核中，火山口的底部才有足够的高度，使粒子这种逃逸成为可能。”

汤普金斯先生和这位和善的老木雕艺人在车间里待了很久，这位老人是那么渴望把他的知识传授给任何前来的人。在这里，汤普金斯先生还看到了其他许多不寻常的东西，尤其是一个密封得很好但显然空着的盒子，上面写着："中微子。小心轻放，谨防泄漏。"

"这个盒子里面有什么东西吗？"汤普金斯先生一边问，一边拿起那个小盒子在耳边摇晃。

"我不知道。"木雕艺人说，"有些人说有，有些人说没有。但是大家都什么也看不见。这个神奇的盒子是我的一个理论界的朋友送给我的，我也不知道该怎么处理。最好暂时不要管它。"

汤普金斯先生继续到处闲逛，他发现了一把布满灰尘的旧小提琴。它看起来很旧，肯定是斯特拉迪瓦里的祖父做的。

"你会拉小提琴吗？"他转向木雕艺人。

"只会拉γ射线的曲调。"老人回答，"这是一把量子小提琴。它演奏不了别的东西。以前我还有一把量子大提琴，可以用来演奏光学曲子，但被别人借走了，再也没有还回来。"

"好吧，给我拉一首γ射线的曲子吧。"汤普金斯先生请求说，"我以前从没听过。"

"那我就给你演奏一首《升C调核子曲》吧。"木雕艺人说着，把小提琴举到肩上，"但是你必须准备好，这是一首非常悲伤的曲子。”

量子小提琴和C小调核子曲

曲子确实很奇怪，跟汤普金斯先生以前听过的曲子都不一样。在海浪拍打沙滩的平稳声音中，不时穿插着一声声尖锐的声音，这声音使他想起子弹的呼啸声。汤普金斯先生不太懂音乐，但这首曲子对他有一种奇怪而强大的影响力。他舒舒服服地躺在一把旧扶手椅上，闭上了眼睛……

虚空之洞

女士们、先生们：

今晚请大家都打起精神，因为今天我们要讨论的这个问题，既有趣又非常有难度。我们要谈谈一种被称为“正电子”的新粒子，这种粒子具有很不寻常的特性。需要注意的一点是，早在这种新型粒子实际被发现的几年前，科学家们就已经从纯理论的角度推测出了它们的存在；而对于这种粒子的实证和探索，很大程度上也得益于科学家们对其主要性质的理论预测，这一点是非常具有教育意义的。

做出这一推测的是一位年轻的英国物理学家保罗·狄拉克。他是在纯理论的基础上得出这一结论的，实在是太奇怪和不可思议了，以至于大多数物理学家在相当长一段时间内都拒绝相信。狄拉克理论的基本思想可以简单地概括为：“真空中应该是有洞的。”

我看大家都很惊讶。当狄拉克说出这句意义非凡的话时，所有物理学家的反应也都是如此。真空中怎么会有洞呢？这有意义吗？如果真是这样，那就意味着所谓的真空空间实际上并不像我们认为的那样空。事实上，狄拉克理论的主要观点在于这样一个假设：所谓的真空层，或说真空，实际上分布着无数个普通的负电子，它们以一种非常规则和均匀的方式排列着。

不用说，狄拉克提出这样一个奇怪的假设并不是凭空想象出来的，或多或少受到一些关于普通负电子理论的影响。事实上，这个理论会导致一个不可避免的结论，就是除了原子中运动的量子态以外，纯粹的真空中还有无限个特殊的“负量子态”，而且除非有什么阻碍电子进入这种“更舒适”的运动状态，否则它们都会抛弃原子，或者说，它们将会消失在真空层中。此外，由于唯一一个阻止电子去它想去的地方的方法，是让这个特定的位置被其他电子“占据”（回想一下泡利的理论），基于这一点，我们必须相信，真空中的所有量子态都被在整个空间均匀分布的无限多的电子填满了。

我所说的这些话在你们听来可能像是某种科学咒语，而大家也无法完全理解这一切，毕竟这个问题真的很难。我只希望如果你们继续认真地听下去的话，最终能够对狄拉克理论的本质有一些了解。

好吧，不管怎样，我们已经得出结论：真空中充满了电子，它们以均匀且无限大的密度分布着。如果事实确实如此，那我们怎么会没有注意到它们，就真的把真空看作是一个绝对空白的空间呢？

如果你把自己想象成是一条飘浮在大海中的鱼，你就会明白这个问题的答案了。即使鱼有足够的智慧提出这样的问题，它是否能意识到自己被水包围着呢？

这句话使从讲座一开始就在打瞌睡的汤普金斯先生清醒了过来。他觉得自己像是一个渔夫，感受着从海上吹来的清新的海风，看着蓝色的海浪轻轻地翻滚着。但是，尽管他水性还不错，却怎么也无法待在海面上，开始向越来越深的海底下沉。奇怪的是，他并没有因缺氧而窒息，反而感到很舒服。他想，这也许是受某种特殊的隐性突变的影响。

根据古生物学家的说法，生命起源于海洋，最早上岸的鱼类先驱是所谓的肺鱼，它用鳍爬到了海滩上。根据生物学家的说法，这些最早的肺鱼——在澳大利亚被称为新角齿鱼，在非洲被称为原鳍鱼，在南美被称为鳞翅目鱼——逐渐进化成陆生动物，如老鼠、猫和人类。但有些动物，比如鲸鱼和海豚，在了解了陆地上生活的种种困难后，又回到了海洋。回到水中后，它们保留了在陆地斗争中获得的品质——仍然是哺乳动物，雌性在体内孕育后代，而不是甩下鱼子后再由雄性受精。匈牙利著名科学家利奥·西拉德不是说海豚比人类聪明吗？

他的思绪被海洋深处的一段对话打断了，说话的是一头海豚和一个典型的智人，汤普金斯先生认出了那个人（汤普金斯先生见这位先生的照片），他是剑桥大学的物理学家保罗·狄拉克。

保罗·狄拉克正在和一头海豚交谈

“听我说，保罗，”海豚说，“你说我们不是在真空中，而是在一种由质量为负的粒子形成的物质介质中。在我看来，水和真空并没有什么不同。它是完全均匀的，我可以向各个方向自由移动。我从我的曾曾曾曾祖父那里听说，陆地是完全不同的，在那里，有山和峡谷，不花费力气就无法跨越它们。但在水里，我可以向任何我想去的方向游动。”

“说到海里的情况，你是对的，我的朋友。”狄拉克回答道，“水在你的身体表面产生摩擦，如果你不摆动你的尾巴和鳍，你就无法移动。此外，由于水压随深度而变化，你需要通过扩张或收缩身体向上或向下飘浮。但如果水没有摩擦力，也没有压力差，你就会像耗尽火箭燃料的宇航员一样无助。我的‘海洋’是由负质量的电子构成的，完全没有摩擦力，因此无法观测到。但这片海洋中只要缺少一个电子，就可以被物理仪器观测到，因为负电荷的缺失相当于正电荷的增加，这种情况就连库仑也能注意到它。”

“然而，在把我的‘电子海洋’和真正的海洋作比较时，我们必须注意一个重要的区别，以免这个类比太过离谱。由于形成我的海洋的电子服从泡利原理，当所有可能的量子能级都被占据时，一个电子都不能再加入海洋了。那么多出来的电子必须留在海洋的表面，因而很容易被实验人员识别出来。J.J.汤姆逊爵士（J. J. Thomson）首先发现了电子。不管是环绕原子核的电子，还是飞过真空管的电子，都是多余的电子。直到1930年我发表第一篇论文之前，我们生活以外的空间一直被认为是空白的。人们相信，物理的现实性只对偶尔出现在零能量水平面上的水花有意义。”

“但是，”海豚说，“如果你的海洋因为连续性和没有摩擦力而不可见的话，那谈论它还有什么意义？”

“好吧，”狄拉克说，“假设有一种外力把一个质量为负的电子从海洋深处提到海洋表面。在这种情况下，可观测电子的数量将增加一个，当然这是违反能量守恒定律的。但是，由于负电荷的缺失也可以被看作是正电荷的增加，所以，因电子缺失形成的空洞现在是可观测的。这个带正电的粒子也会有一个正质量，它将沿重力的方向移动。”

“你是说它会浮起来而不是沉下去？”海豚惊奇地问。

“当然，我敢肯定你见过许多物体被重力拉入海底，可能是从船上扔到海里的东西，甚至有时可能是船本身。但是看这里，看到这些浮出水面的银色小东西了吗？它们的运动是由重力引起的，但它们的运动方向却和重力的方向相反。”

“但那只是泡泡罢了。”海豚反驳道，“它们很可能是从含有空气的东西中逃出来的，这些东西撞到海底的岩石上翻转或者破碎了。”

“你说的没错。但你不会看到气泡在真空中飘浮。因此，我的海洋并不是绝对空的。”

“很聪明的理论！”海豚说道，“但真的如此吗？”

“当我在1930年提出这个理论的时候，”狄拉克说，“没有人相信我。但这在很大程度上是我自己的错，因为我最初认为这些带正电的粒子就是质子，这是实验学家们所熟知的。当然，大家都知道，质子的重量是电子的1840倍，但我希望通过一些数学技巧，解释质子在给定力的作用下会受到额外的加速阻力，并从理论上得到1840这个数字。但我失败了，我的海洋中气泡的质量与普通电子的质量完全相等。

“我的同事泡利——他真的是一个很有幽默感的人——正在到处宣扬他所谓的‘泡利第二定律’。他计算出，如果一个普通的电子靠近一个空洞，而这个空洞恰好是从我的海洋中移走一个电子而产生的，那么这个空洞将在可以忽略不计的时间内被填满。因此，如果一个氢原子的质子真的是一个‘洞’，它会被周围旋转的普通电子瞬间填满，两个粒子都会在一道闪光中消失——或者应该说是在一道伽马射线中消失。当然，其他所有元素的原子也会发生同样的情况。现在，泡利第二定律要求物理学家提出的任何理论都必须立即应用到他们自己的身体上，所以在我有机会把我的想法告诉别人之前，我就被消灭了。就像这样！”随着一道耀眼的辐射，狄拉克消失了。

“先生！”汤普金斯先生耳边传来一个恼怒的声音，“听讲座睡觉是您的权利，但您不应该打鼾。教授说的话，我一个字也听不见了！”

汤普金斯先生睁开眼睛，又看见了拥挤的教室和老教授。老教授继续说着：

现在让我们看看，当这样一个移动的洞遇到一个在狄拉克的海洋中寻找“舒适位置”的多余电子时会发生什么。很明显，这场相遇的结果是，多余的电子将不可避免地落入洞中，把洞填满，观察到这一过程的物理学家非常惊讶，并将这种一个正电子和一个负电子相互湮灭的现象记录了下来。这两个电子就像著名的儿童故事里的两只狼一样，互相将对方吃掉了，在这个过程中产生的能量将以短波辐射的形式释放出来，也就是两个电子的剩余部分。

但我们也可以想象一个相反的过程，即一对正负电子在强大的外部辐射作用下被“从无到有”地创造出来。从狄拉克的理论来看，这样一个过程实际上仅仅是将一个电子从连续分布的电子海洋中踢出来，因此不应该被看作是一种“创造”，而应该是两个电性相反的粒子的分离。在我现在展示给你们的这张图中，我用非常粗糙的原理表示了这两个电子“创造”和“湮灭”的过程，你会知道这件事并没有什么神秘之处。

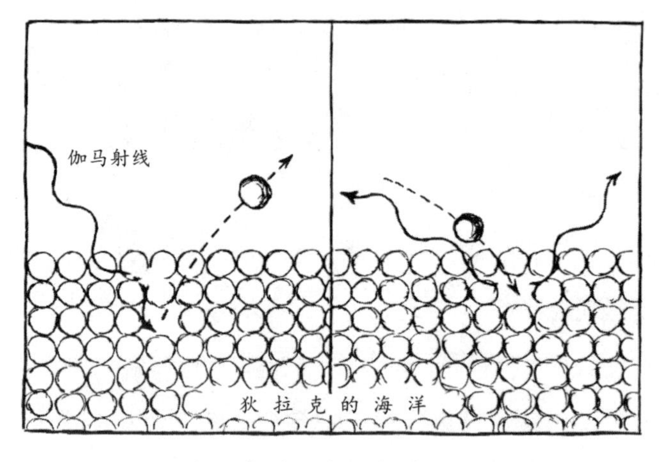

电子成对产生，成对湮灭

这里我必须补充一点，虽然严格来说，在绝对真空中产生成对正负电子是有可能的，但这种可能性其实是极小的，真空中的电子分布太平稳了，很难破坏。另一方面，由于重物质粒子能作为伽马射线探究电子分布的支撑点，在这种情况下，成对电子被创造的概率大大增加，所以我们很容易观察到。

然而，很明显，用上述方式制造的正电子不会存在很长时间，因为它很快就会与充满这个宇宙的负电子中的一个相遇，并与其一起湮灭。这一事实便是这些有趣粒子很晚才被发现的原因。关于正电子的第一份报告是在1932年8月发表的（狄拉克的理论发表于1930年），作者是加州物理学家卡尔·安德森。他在对宇宙辐射的研究中，发现了一种各个方面都与普通电子相似的粒子，唯一的区别就是它们带的不是负电荷而是正电荷。之后不久，我们就学会了在实验室条件下制造电子对的简单方法，就是通过发射一束强大的高频辐射（放射性伽马射线）来轰击任意一种物质。

下面我要向你们展示的，是宇宙射线中的正电子在所谓的“云室”中的照片，以及电子对产生的过程。但在此之前，我必须解释一下这些照片是如何获得的。云室，也叫作威尔逊云室，是现代实验物理学中最实用的仪器之一。它的理论依据是：任何带电粒子在穿过气体时都会沿着自身的运动轨迹产生大量离子。如果气体中含有饱和的水蒸气，微小的液滴就凝结在这些离子上，这样一来，沿带电粒子的运动轨迹形成的将是一缕薄薄的雾。在黑暗的背景下，用一束强光照亮这条雾带，我们就能得到完美的照片——可以展示粒子运动的所有细节。

现在我投影在屏幕上的两张照片中，第一张是安德森拍摄的宇宙射线中的正电子的原始照片，顺便说一下，这是我们首次拍摄到这种粒子。横穿图像的宽宽的水平带是一块横跨腔室的厚铅板，正电子的轨迹是穿过该板的一条弯曲的细划痕。在实验过程中，由于云室被放置在一个影响粒子运动的强磁场中，所以正电子的轨迹是弯曲的。利用铅板和磁场是为了确定粒子所带电荷的属性，这可以通过以下论证证实。众所周知，磁场引起的粒子运动轨迹的偏转与运动粒子的电荷属性有关。在这个特殊的例子中，磁铁放置的方式使负电子偏转到它们原来运动方向的左边，而正电子只能偏转到右边。

因此，如果照片中的粒子向上移动，那么它可能带有一个负电荷。但是如何分辨它朝哪个方向移动呢？这就轮到铅板发挥作用了。粒子在穿过铅板后，一定失去了一些原来的能量，因此受磁场影响产生的弯曲现象一定更明显。在这张照片中，

云室中电子对的产生过程

粒子的运动轨迹在铅板下弯曲得更厉害（肉眼很难看出来，但可以通过测量发现）。粒子向下运动，所以它的电荷是正的。

另一张照片是由剑桥大学的詹姆斯·查德威克拍摄的，展示了在云室中电子成对形成的过程。强力的伽马射线从下面射入——在照片中没有产生可见的轨迹——在云室的中间产生了一对电子，这两个电子在强磁场的作用下向相反的方向偏转。看着这张照片，你可能想知道为什么正电子（左边的）在穿过气体的过程中没有湮灭。狄拉克的理论给出了答案，所有打过高尔夫球的人应该都很容易理解。如果你太过用力地击球，即使你的目标是正确的，球也不会掉入洞中。因为一个快速移动的球能够跳过球洞，断续向前滚动。同样，一个快速移动的电子在其速度显著降低之前也不会落入狄拉克所说的洞中。因此，当正电子在运动过程中因碰撞而减速时，它在运动轨迹终点被湮灭的可能性才更大。事实上，我们仔细观察会发现，伴随湮灭过程所产生的辐射实际上是出现在正电子运动轨迹的终点的。这一事实进一步证实了狄拉克的理论。

现在还有两个关键点需要讨论一下。首先，我把负电子称为狄拉克海洋的溢出物，把正电子称为海洋中的洞。然而，我们可以把这种观点反过来，把普通电子看作洞，让正电子扮演被抛出来的粒子的角色。要做到这一点，我们只需假定狄拉克的海洋并没有溢出，相反，它总是缺粒子。在这种情况下，我们可以把狄拉克的海洋想象成一块有很多洞的瑞士奶酪。由于粒子普遍不足，这些洞将永久存在。如果海洋中的一个粒子被抛出，那它很快就会再次落入另一个洞中。应该指出的是，不管是从物理学还是从数学的角度来看，这两个图像其实是完全等效的，无论我们选择哪一张，实际上都没有区别。

第二点可以用下面这个问题来描述："如果在我们所居住的世界中，负电子的数量确实占优势，我们是否可以假设在宇宙的其他地方情况恰好相反呢？"换句话说，狄拉克的海洋溢出的粒子，是不是正是别的地方缺少的那些粒子呢？

这是个非常有趣的问题，也是个很难回答的问题。事实上，由正电子绕负核旋转而形成的原子具有与普通原子完全相同的光学特性，所以通过任何光谱观察都无法解决这个问题。据我们所知，形成仙女座星云的物质，很可能就是这种颠倒型的粒子，但唯一能证明这一点的方法就是获得一块这种物质，看看它是否会因为与地面物质接触而湮灭。当然这会产生可怕的爆炸！最近有一些人说，某些在地球大气中爆炸的陨石可能是由这种颠倒的物质形成的，但我认为这个说法的可信度不大。事实上，在宇宙的不同部分，狄拉克海洋究竟是溢出还是吸纳粒子的问题，很可能永远都得不到解答。

汤普金斯先生品尝日本料理

一个周末，莫德去约克郡看望她的姑姑，汤普金斯先生邀请教授去一家著名的寿喜烧餐厅共进晚餐。他们坐在一张矮桌旁的软垫上，享受着日本风味的美味佳肴，啜饮着小杯子里的清酒。

“再给我讲讲吧，”汤普金斯先生说，“那天我听塔勒金博士演讲的时候说，原子核中的质子和中子是被某种强核力凝聚在一起的。这种力和将电子聚在原子中的力是相同的吗？”

“哦，不！”教授回答说，“它们是完全不同的东西。原子中的电子被普通静电力吸引在原子核周围，早在18世纪末，法国物理学家查尔斯·奥古斯汀·德·库伦就已经提出并详细研究过。这种力相对较弱，并与到中心的距离的平方成反比递减。强核力则完全不同。当质子和中子彼此接近，但还没有直接接触时，它们之间实际上是没有作用力的；而一旦它们接触，就会出现一种极其强大的力量把它们粘在一起。这就像两条胶带，靠近时不会相互吸引，但只要一接触就像兄弟一样粘在一起难以分开。物理学家称这种力为‘强相互作用’。这种力与两个粒子携带的电荷无关——在质子-中子间、两个质子间、两个中子之间是同等强大的。”

“有什么理论可以解释这种力吗？”汤普金斯先生问。

“哦，有的。在20世纪30年代初，日本物理学家汤川秀树提出，这种力是由于两个核子之间交换了一些未知的粒子产生的。核子是质子和中子的总称。当两个核子彼此靠近时，这些神秘的粒子开始在两者之间来回跳跃，并产生一种强大的结合力，将两者结合在一起。汤川从理论上估算出了这种粒子的质量，大约是电子质量的200倍，或者是质子和中子质量的十分之一。因此他称它们为‘介子（mesatron）’。

“随后，维尔纳·海森堡的父亲—— 一位古典语言教授，反对这种叫法，认为这是对希腊语的亵渎。‘电子’这个词来自希腊词语‘μέρον’，意思是琥珀；而‘质子’这个词来自希腊词语‘ЛρωΤον’，意为‘第一’。但是汤川给粒子取的名字来自希腊词语‘μέρον’，意思是‘中间’，而这个词语中没有字母*r*。因此，在一次国际物理学会议上，海森堡提议将‘mesatron’改为‘meson’。一些法国物理学家对此表示反对，因为‘meson’的读音与‘maison’相似，maison在法语中是‘家’或‘房子’的意思。但他们的反对被驳回了，现在‘meson（介子）’这个术语已经被确定了。喔，快看舞台！他们正要表演一场介子秀。”

确实，六个艺伎走了出来，开始杂技表演：她们每个人都端着两个碗，把一个球在两个碗之间扔来扔去。一个男人的脸

三个艺伎在表演“杂技”

出现在背景中，他唱道：

我因为一个介子获得了诺贝尔奖，

我宁愿把这成就最小化。

λ0，横滨，

ηk中介子，富士山——

我因为一个介子获得了诺贝尔奖。

他们建议在日本称其为“汤川子”。

我表示反对，因为我是个非常谦虚的人。

λ0，横滨，

ηk中介子，富士山——

他们建议在日本称其为“汤川子”。

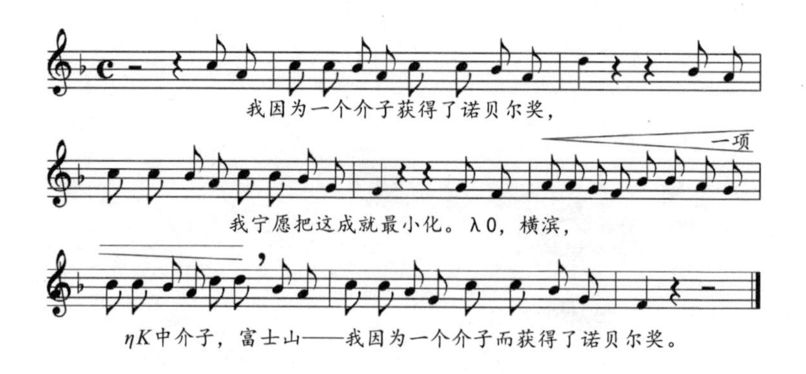

“但是为什么会有三对艺伎呢？”汤普金斯先生问。

“她们代表了三种介子交换的可能性，”教授说，“介子有三种：带正电的、带负电的和中性的。也许这三种都参与了强核力的产生。”

“所以，现在一共有8种基本粒子，”汤普金斯先生掰着手指头数着说，“中子、质子（正负两种）、负电子、正电子，还有三种介子。”

“呵！”教授说，“不是8种，而是将近80种。一开始，人们发现介子有两种：重介子和轻介子，分别用希腊字母π和μ表示，称为π介子和μ介子。π介子是高能质子与空气中气体的原子核碰撞而在大气边缘产生的。但它们非常不稳定，在到达地球表面之前就分裂成μ介子和所有粒子中最神秘的粒子——中微子。中微子既没有质量也没有电荷，只是能量载体。μ介子的寿命稍微长一些，大约有几微秒，所以它们能到达地球表面，并在我们的眼皮底下衰变成普通电子和两个中微子。还有一种粒子用希腊字母k表示，被称为‘k介子’。”

“这些艺伎使用的是哪种粒子？”汤普金斯先生问。

“哦，可能是π介子，中性的介子，它们是最重要的，但我不确定。现在几乎每个月都能发现新粒子，但大多数都很短命。即使以光速运动，它们也会在离诞生之地几厘米的地方发生衰变，所以即使是我们用气球将很小的仪器送到空中也无法观测到它们。”

“不过，我们现在有了强大的粒子加速器，可以将质子加速到与它们在宇宙射线中同等的能量状态：数十亿电子伏特。有一台名为‘劳伦斯加速器’的机器就在这附近的山上，我很乐意带你去看看。”

汽车开了一小段路后，他们来到一幢安放着粒子加速器的大楼前。走进大楼，汤普金斯先生对这个巨大装置的复杂性感到震惊。但是，教授向他保证，这台机器的原理并不比大卫用来杀死歌利亚的弹弓更复杂。带电粒子进入这个巨大圆筒的中心，沿着螺旋轨迹运动，在交替电脉冲的作用下加速，最后在强磁场的作用下保持在一条直线轨道上。

“我想我以前在参观回旋加速器的时候见过类似的东西，”汤普金斯先生说，“几年前他们把回旋加速器叫作‘原子对撞机’。”

“哦，是的。”教授说，“你们之前看到的那台机器最初也是由劳伦斯博士发明的。你现在看到的这台虽然是基于同样的原理工作的，但是它不是将粒子加速到几百万伏特，而是加速到几十亿伏特。美国最近制造了两台，其中一台位于加州伯克利，被称为贝伏（Bevatron）粒子加速器，因为它产生的粒子具有数十亿电子伏特的能量。这是一个严格意义上的美国名字，因为在美国，‘billion’就是10亿；而在英国，‘billion’意味着100万乘以100万。在古老的英国，还没有人试图达到这个目标。另一台位于长岛布鲁克海文的粒子加速器被称为宇宙级回旋加速器，这个名字就有点过头了，因为自然宇宙射线的能量比这台机器能提供的要高得多。在欧洲的核子研究中心（CERN，日内瓦附近），他们建造的加速器可以与美国那两台相媲美；在俄罗斯的莫斯科附近，也有一台类似的机器，就是我们熟知的‘赫鲁晓夫加速器’，不过现在可能被重新命名为‘勃列日涅夫加速器’了。”

环顾四周，汤普金斯先生注意到一扇门上有个标志牌，上面写着：

阿尔瓦雷茨的液氢洗浴设施

“那边是什么？”他问。

“哦！”教授说，“这里的劳伦斯加速器制造的不同基本粒子越来越多，其具有的能量也越来越高，人们必须通过观察它们的轨迹，计算它们的质量、寿命、相互作用和许多其他性质（如奇异性、宇称等），来分析它们。

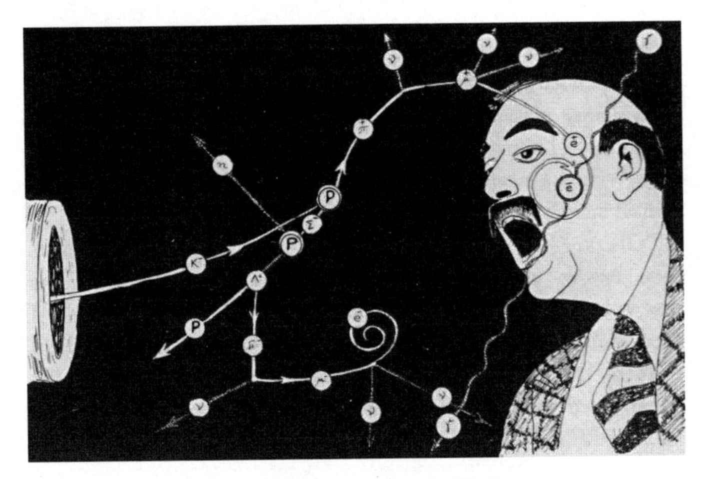

粒子像兔子一样不断繁殖

“过去，人们使用的是1927年获得诺贝尔奖的C.T.R.威尔逊发明的所谓的云室。当时，物理学家们只是研究携带几百万电子伏特能量的高速带电粒子，他们将电子送进一个玻璃制成的顶部充满空气的云室，云室里的空气中的水蒸气几乎达到饱和。当云室底部被拉下时，里面的空气因为膨胀而冷却，水蒸气便会过饱和。因此，一部分水蒸气就会凝结成小水滴。威尔逊发现，这种水蒸气凝结成水的过程在离子（即气体中的带电粒子）周围的速度要快得多。因此，当被位于云室另一端的光源照亮时，水雾形成的雾状带在涂成黑色的云室底部背景下变得清晰可见。你一定记得我在上节课展示过的几张照片。

“现在，宇宙射线粒子具有的能量比我们以前研究过的粒子大1000倍，在这种情况下，传统的云室已经不能满足观测需要了，因为它们的轨迹太长了，云室对它们来说太小了，根本无法从头到尾跟踪它们的轨迹，整个过程只能观察到一小部分。

“1960年，年轻的美国物理学家唐纳德·格拉泽在这个方向取得了重大突破，并因此获得了诺贝尔奖。据他说，有一次，他闷闷不乐地坐在一家酒吧里，看着面前的啤酒瓶里冒着的气泡突然想到，既然威尔逊能研究气体中的液滴，为什么自己不能研究液体中的气泡呢？我不打算谈论技术上的细枝末节，”教授继续说道，“也不会说这个装置设计时遇到的困难，这完全超出了你的理解能力范围。总而言之，结果就是，为了仪器能正常工作，我们现在所说的气泡室里的液体必须是液态氢，液态氢的温度比水的冰点还要低大约550华氏度。在隔壁的房间里有一个由路易斯·阿尔瓦雷斯茨建造的装满液态氢的大容器，他们通常称其为‘阿尔瓦雷茨浴缸’。”

“唔……我觉得那个温度对我来说恐怕有点冷！”汤普金斯先生叫道。

“哦，你不需要进去。你只需要透过透明壁观察粒子的轨迹就可以了。”

“浴缸”被放在一个巨大的磁铁之中，正像往常一样运转着，周围的闪光灯不停地拍着快照。磁铁的作用让粒子的运动轨迹产生弯曲，以便于人们估计它们的运动速度。

“拍一张图片只需要几分钟。”阿尔瓦雷茨说道，“如果仪器不出现需要维修的故障，那么每天总计能拍几百张照片。每张照片都要仔细查看，分析每条轨迹，仔细测量曲率。查看一张照片可能需要几分钟到一个小时的时间，这取决于照片的复杂程度，以及那个女孩分析它的速度。”

“你为什么说‘那个女孩’？”汤普金斯先生打断了他，“这是一份只限女性的工作吗？”

“哦，不是的。”阿尔瓦雷茨回答说，“我所说的‘女孩’实际上大部分都是男生。在这类业务中，我们使用‘女孩’这个词并不涉及真实的性别，只是作为效率和精确的单位。就好像当你说‘打字员’或‘秘书’时，你想到的是女人而不是男人。为了分析我们实验室里的所有照片，我们需要成百上千个女孩，这可不是个小问题。因此，我们把大量的照片寄给了其他大学，这些大学没有足够的钱来建造劳伦斯加速器和这个‘浴缸’，但买得起分析这些照片的设备。”

“你们是唯一从事这个工作的机构吗？”汤普金斯先生问道。

“哦，不是的！在纽约长岛的布鲁克海文国家实验室，还有瑞士日内瓦附近的欧洲核子研究中心，以及俄罗斯莫斯科附近的胡桃夹子实验室，都有类似的机器。他们都是在大海捞针，而且，天哪，他们偶尔真的会捞到一枚‘针’！”

“但为什么要做这些工作呢？”汤普金斯先生惊讶地问。

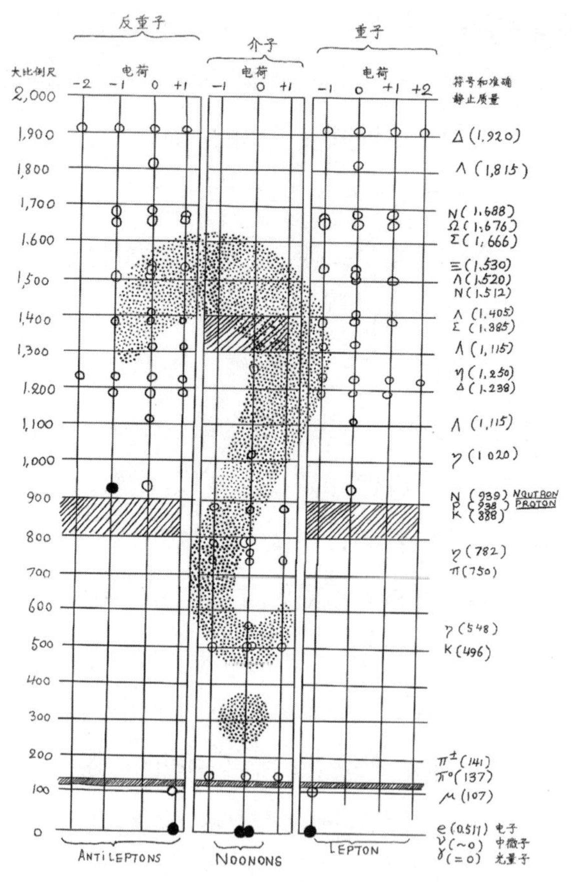

比门捷列夫的元素周期表还要复杂！（图片源自《科学美国人》，1964年2月刊，作者G. F. 周、M. 盖耳曼和A. H. 罗森菲尔德。）

“想要找到新的基本粒子并研究它们之间的相互作用，这比大海捞针还难。这里的墙上挂着一张粒子图，它已经包含了比门捷列夫的元素周期表中的元素数量还要多的粒子。”

“但是，为什么要为了找新粒子付出这么多努力呢？”汤普金斯先生继续问。

“嗯——这就是科学。”教授回答道，“人类试图理解我们周围的一切，无论是巨大的恒星星系、微小的细菌，还是这些基本粒子。研究这些是有趣和令人兴奋的，这就是为什么我们要研究的原因吧。”

“但是，科学的发展难道不是为了提高人们的舒适度和幸福感，不是为了服务于实际目的吗？”

“当然是，但这只是次要目的。你认为音乐的主要目的是让号手在早晨叫醒士兵，叫他们吃饭，或者命令他们上战场吗？人们总是说‘好奇害死猫’，要我说的话，应该是‘好奇成就科学家’。”

说完，教授便与汤普金斯先生互道晚安。

致 谢

感谢以下公司及个人授予我一些材料的使用权。感谢爱德华.B.马克思音乐公司授权《歌唱的时光》，以此为《哦，来吧，所有忠诚的人》《哦，飞速的原子》和《毁灭吧，大不列颠》《这是上天的旨意》配乐；感谢麦克米伦公司授权我使用《水晶王国》第144页图A，作者是W. H. 布拉格先生和W. L. 布拉格先生。